BIBLIOTHÈQUE DES ÉCOLES RURALES

COURS ÉLÉMENTAIRE D'HORTICULTURE

PAR

F. BONCENNE
Juge au Tribunal civil de Fontenay (Vendée), Officier d'Académie
Membre de la Société impériale et centrale
d'Horticulture de la Seine, Membre honoraire de la Société d'Horticulture de Nantes
et Membre correspondant de plusieurs sociétés savantes

PREMIÈRE ANNÉE

ORGANISATION DES VÉGÉTAUX — CULTURE POTAGÈRE
CULTURE DES FLEURS

DEUXIÈME ÉDITION

PARIS
LIBRAIRIE AGRICOLE DE LA MAISON RUSTIQUE
26, RUE JACOB, 26

R
632

BIBLIOTHÈQUE

DES

ÉCOLES RURALES

PARIS. — IMP. SIMON RAÇON ET COMP., RUE D'ERFURTH, 1.

BIBLIOTHÈQUE DES ÉCOLES RURALES

COURS ÉLÉMENTAIRE D'HORTICULTURE

PAR

F. BONCENNE

Juge au Tribunal civil de Fontenay (Vendée), Officier d'Académie,
Membre de la Société impériale et centrale
d'Horticulture de la Seine, Membre honoraire de la Société d'Horticulture de Nantes,
et Membre correspondant de plusieurs Sociétés savantes.

PREMIÈRE ANNÉE

ORGANISATION DES VÉGÉTAUX — CULTURE POTAGÈRE
CULTURE DES FLEURS

DEUXIÈME ÉDITION

PARIS
LIBRAIRIE AGRICOLE DE LA MAISON RUSTIQUE
26, RUE JACOB, 26

1861

A M. BONCENNE, Juge au tribunal de Fontenay (*Vendée*).

Monsieur,

J'ai lu, suivant le désir que vous m'en avez manifesté, votre *Cours élémentaire d'horticulture*.

Il n'est pas seulement le résumé exact des leçons utiles et pratiques que vous voulez vulgariser, — il est évidemment la pensée d'un homme de bien, et il a, à mes yeux, un autre genre de mérite qui le recommande, c'est de mettre en lumière et en honneur ces principes vivifiants dont l'heureux effet, à la campagne comme à la ville, est de rendre l'homme meilleur.

Agréez donc mes sincères félicitations et recevez l'assurance de ma considération très-distinguée.

Le recteur de l'Académie,

L. Juste,

Vicaire général de Rouen.

A M. BONCENNE, Juge au tribunal de Fontenay (*Vendée*).

Monsieur,

J'ai lu avec le plus grand intérêt le *Cours élémentaire d'horticulture* écrit et mis en pratique par vous avec un rare dévouement. Je vous remercie, Monsieur, de votre communication, et je fais des vœux bien sincères pour la propagation de ce livre d'une utilité incontestable, au double point de vue de la religion et de la société.

Recevez, Monsieur, l'assurance de mon respect et de mon estime particulière.

† François-Augustin Delamare,

Évêque de Luçon.

AVIS AU LECTEUR

Il y a deux ans, grâce aux dispositions bienveillantes de M. le recteur de l'Académie de Poitiers et de MM. les inspecteurs de la Vendée; grâce aussi au zèle intelligent de M. Sauvaget, instituteur communal à Saint-Médard, près Fontenay, je pus commencer moi-même, dans la petite école qu'il dirige, un cours théorique et pratique de jardinage à la portée des enfants. Dès la fin de la première année j'avais eu le bonheur de gagner la confiance du maître et de captiver l'attention des jeunes élèves confiés à ses soins; c'est alors qu'enhardi par des résultats heureux, animé du désir de propager cet enseignement dont il avait pu apprécier les bons effets, M. Sauvaget conçut l'idée de publier sous le titre de *Cours élémentaire d'horticulture* les notes qu'il avait soigneusement recueillies pendant mes leçons, et que je complétai à la hâte pour ne pas retarder la réalisation de sa généreuse pensée. — L'ouvrage parut donc au mois de février 1859; et, malgré les imperfections, les lacunes, les fautes typographiques qu'entraîne infailliblement une exécution aussi rapide, il fut favorablement accueilli, car l'édition est aujourd'hui complétement épuisée. Ce résultat prouve au moins que le petit livre est utile, et que, réimprimé avec soin, il pourrait vulgariser dans nos écoles les connaissances si précieuses de l'horticulture et de l'arboriculture. J'ai donc résolu de continuer l'œuvre de M. Sauvaget en publiant, en mon nom, une nouvelle édition du *Cours élémentaire d'horticulture*, corrigé, refondu, augmenté, en un mot, rédigé par moi-même, et, de plus, orné d'un grand nombre de vignettes qui aideront puissamment l'intelligence des jeunes enfants de nos écoles.

Enfin, pour donner aux instituteurs les garanties d'une exécution correcte et soignée, j'ai confié l'impression de ce nouvel ouvrage à l'une des maisons les plus honorables de Paris, qui, par ses nombreux et importants travaux, a su mériter depuis longtemps l'estime et la confiance du public.

J'ose espérer que, dans ces conditions, mes efforts seront couronnés de quelque succès, et que j'aurai la douce satisfaction d'avoir contribué ainsi, pour une petite part, à propager dans les écoles primaires de nos campagnes le goût des jardins et des champs.

INTRODUCTION

CHERS ENFANTS,

Mon but, en vous donnant ici quelques principes de jardinage, n'est pas de faire de vous des botanistes, des savants, qui, trouvant trop étroit le verger de leurs pères, rêvent l'illustration, la fortune, et quittent le village pour s'aventurer dans les villes, au milieu de ces agglomérations fétides qui empoisonnent le cœur et ruinent la santé.

Je me garderai bien d'exciter en vous de pareils sentiments, je vous trouve trop heureux dans votre humble et modeste position. O mes amis! rendez grâce à Dieu, qui vous a fait naître au milieu de ces belles campagnes couvertes chaque année de moissons, de fourrages et de fruits!

Vous êtes libres; l'air pur, le soleil, l'espace, sont à vous : comme l'alouette matinale, vous chantez dès l'aurore, vous sautez comme vos agneaux; vous buvez le lait de vos troupeaux, vous mangez le fruit de vos jardins, et, quand vient l'hiver, vous avez un asile, du pain, des vêtements.

L'enfant des villes, lui, ne voit jamais le grand jour, il étouffe ou grelotte dans un étroit grenier, couche sur une poignée de haillons et mange un morceau de pain sec que sa pauvre mère arrose souvent de ses larmes. Chaque matin il sort de cette prison, non pour courir aux champs, mais pour se renfermer dans ces fabriques où des hommes cruels exigent de lui les travaux les plus pénibles; ce n'est pas de l'air qu'il respire, c'est un mélange de fumée, de gaz délétères, d'odeurs nauséabondes; il reste là dix heures, quelquefois même il n'a pas le dimanche pour prier Dieu et prendre un peu de repos.

Restez donc aux lieux qui vous ont vus naître, cultivez la terre qui vous nourrit, conservez vos vêtements, vos habitudes rustiques, soyez laboureurs, c'est la plus noble, la plus indépendante de toutes les professions, c'est la plus douce, la plus honnête de toutes les existences.

Bernard de Palissy, pauvre potier de Saintonge, qui vivait en l'an 1560, fut poussé par son génie, par son ambition, vers Paris; on lui promettait qu'il y trouverait richesses et triomphes, il n'y trouva que déboire et pauvreté. Dans son malheur, il regrettait les champs, il rêvait un jardin et s'écriait dans son vieux langage :

« Je m'esmerveille d'un tas de fols laboureurs que soudain qu'ils ont un peu de bien qu'ils auront gagné avec grand labeur en leur jeunesse, ils auront après honte de faire leurs enfans de leur estat de labourage, les feront du premier jour plus grands qu'eux-mêmes, les faisant communément de la pratique, et ce que le pauvre homme aura gagné à grand'peine et labeur il en despendra une grande partie à faire son fils monsieur, lequel monsieur aura enfin honte de se trouver en la compagnie de son père et sera desplaisant qu'on dira qu'il est fils d'un laboureur, et si, de cas fortuit, le bonhomme a certains autres enfans, ce sera ce monsieur-là qui mangera les autres et aura la meilleure part, sans avoir égard qu'il a beaucoup coûté aux écholes pendant que les autres frères cultivoient la terre avec leur père, et en cependant voilà qui cause que la terre est le plus souvent avortée et mal cultivée. »

Vous le voyez, il y a longtemps que l'homme des champs est tourmenté du désir d'échanger son habit de bure et sa douce liberté pour des vêtements qui le gênent, pour des professions qui, loin de l'élever, l'abaissent et l'enchaînent comme un esclave.

Gardez-vous de cette manie dangereuse, attachez-vous au sol, au patrimoine de votre famille, cherchez le bonheur dans les occupations si intéressantes, si utiles de l'agriculture et du jardinage, oui, du jardinage, car rien n'est plus attrayant que la culture d'un jardin.

La plus pauvre chaumière, si vous l'entourez de fruits, de quelques fleurs, prendra presque aussitôt un air de gaieté, de propreté, d'abondance : au lieu de pierres amoncelées, de morceaux de bois épars, de cloaques, d'immondices de toute sorte, vous apercevrez un terrain nivelé, cultivé, soigneusement entouré de palissades; au lieu de ronces qui envahissaient quelques arbres rabougris, vous tapisserez vos murailles de liserons, de capucines, de rosiers, ou de lierre, vous aurez des treilles d'où pendront des grappes dorées; vous cueillerez au printemps la cerise, la fraise, la groseille, un peu plus tard la prune veloutée, l'abricot, la poire, plus tard encore vous récolterez des pommes que vous grignoterez l'hiver au coin du feu. En tout temps, enfin, la ménagère pourra trouver dans le jardin ces légumes si précieux pour la nourriture de la famille, sa main habile saura les préparer, et chaque matin vous mangerez ce mets savoureux, salutaire, qui réchauffe, réconforte et dispose le corps aux rudes travaux : *vous mangerez la soupe aux choux.*

Mais, direz-vous, pour transformer ainsi nos pauvres demeures, pour changer en vergers, en jardins, tous ces lieux incultes, pour orner de fleurs ces abords pierreux et malpropres, il nous faudrait du savoir, de la pratique, il nous faudrait étudier, connaître les principes du jardinage, il nous faudrait enfin quelqu'un qui pût nous instruire et nous guider. Oui, sans doute; c'est pourquoi je viens mettre à votre disposition mon expérience et vous offrir quelques leçons amicales, quelques conseils; je serais bien heureux, bien dédommagé de mes peines, si je vous voyais bientôt, dociles à mes instructions, cultiver vous-mêmes votre petit jardin, planter des arbres, orner de fleurs les alentours de votre maison, si je vous voyais enfin prendre ces goûts simples et honnêtes qui répandent sur toute la vie les charmes d'une douce et tranquille uniformité.

Commençons donc; je tâcherai d'être aussi simple, aussi clair que possible.

Prêtez-moi votre attention. Nous allons étudier, dans la première partie, les plantes et leur organisation.

Je vous parlerai des agents principaux de la végétation, de la terre, de l'eau, de l'air, de la chaleur et de la lumière. Je vous indiquerai les moyens de connaître, de choisir et de modifier ces divers éléments.

Nous passerons ensuite aux opérations pratiques du jardinage.

Puis enfin, dans la seconde partie, je vous donnerai quelques détails sur la structure des végétaux ligneux, sur la marche de la séve, sur la taille des arbres fruitiers et sur les soins à donner à tous ces êtres que Dieu, dans sa grâce infinie, nous a permis de connaître et de multiplier, non-seulement pour l'utilité, mais aussi pour les jouissances et les agréments de notre vie.

COURS ÉLÉMENTAIRE
D'HORTICULTURE

PREMIÈRE PARTIE

CHAPITRE PREMIER
ORGANISATION DES VÉGÉTAUX

PREMIÈRE LEÇON

LES TROIS RÈGNES. — VÉGÉTAUX. — RACINES. — TIGES. — BRANCHES ET RAMEAUX. — FEUILLES.

Règnes. — Tout ce que vous apercevez à la surface de la terre appartient à l'une des trois grandes sections qu'on appelle *règnes*.

Le RÈGNE ANIMAL comprend l'homme et les animaux.

Le RÈGNE MINÉRAL comprend les minéraux, c'est-à-dire la terre, l'eau, les pierres et les métaux de toutes sortes.

Le RÈGNE VÉGÉTAL comprend les végétaux, c'est-à-dire l'herbe, les plantes et les arbres.

C'est du règne végétal seulement que je dois m'occuper ici.

Végétal. — Un végétal est un être qui vit, qui respire, qui se nourrit, croît et se reproduit, mais qui n'a ni le sentiment de son existence, ni le mouvement spontané, c'est-à-dire qu'il ne peut pas changer de place, comme un animal.

Il puise sa nourriture dans la terre ou dans l'eau, à l'aide d'organes souterrains et cachés qu'on appelle *racines;* il respire et absorbe l'air à l'aide d'organes extérieurs ou aériens qu'on appelle *tiges, branches* et *feuilles.* Le point où finit la tige et où commencent les racines est ordinairement placé à fleur de terre et a reçu le nom de *collet.*

Racines. — Les racines sont des branches souterraines qui, comme des pompes aspirantes, sucent l'humidité de la terre et les sels qu'elle contient, pour les porter à la tige principale; celle-ci les transmet ensuite à toutes les parties supérieures de la plante, telles que les branches, les rameaux, les feuilles, etc. Les extrémités inférieures des racines ont été appelées *spongioles,* parce que leurs tissus fins et déliés s'imprègnent facilement de l'humidité de la terre et des substances dissoutes dans l'eau des arrosements.

FORMES DIVERSES DES RACINES. — Les racines, quoique remplissant toutes à peu près les mêmes fonctions, n'ont pas toujours la même forme, elles ont reçu, pour cela, différents noms qui les caractérisent. On appelle :

Racines pivotantes (grav. 1), celles qui s'enfoncent en terre comme un pivot; exemple : la carotte, le salsifis, etc.;

Racines fibreuses ou *chevelues* (grav. 2), celles qui se cramponnent au sol par des milliers de petits bras ressemblant à une chevelure; exemple : le froment, la laitue, etc.;

Racines tubéreuses ou *fusiformes,* celles dont les fibres, réunies en faisceau, sont grosses et pareilles à des fuseaux : les dahlias, les asphodèles;

Racines tuberculeuses (grav. 3), celles qui portent, aux filaments partant du collet, des masses de forme ronde plus ou moins régulières, comme la pomme de terre. Quand ces masses ne sont que des renflements du collet garnis eux-mêmes de fibres nombreuses, ce ne sont plus des *tubercules*, ce sont des *rhyzomes ;*

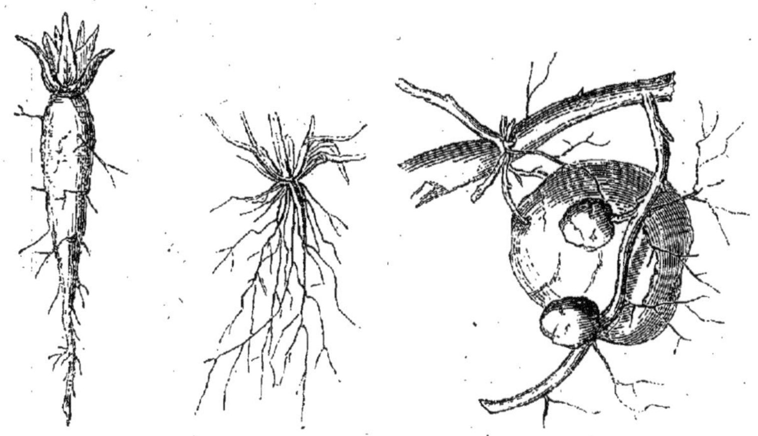

Grav. 1. — Racines pivotantes. Grav. 2. — Racines fibreuses. Grav. 3. — Racines tuberculeuses.

Racines traçantes (grav. 4), celles qui s'allongent horizontalement dans tous les sens, et souvent même émettent à une certaine distance de la plante-mère des bourgeons qui se développent et sortent de terre sous forme de rejetons ;

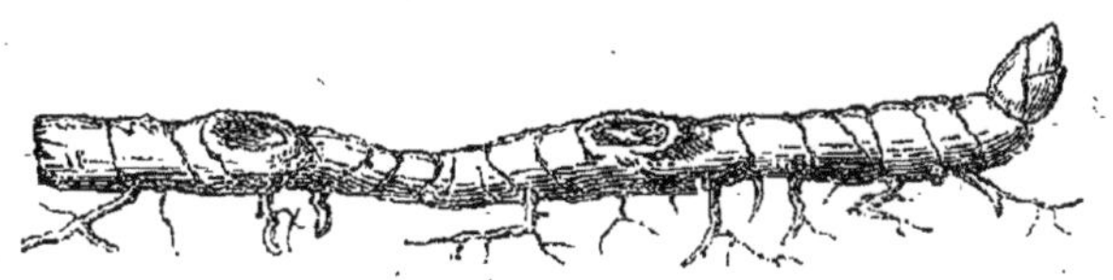

Grav. 4. — Racines traçantes.

Racines bulbeuses (grav. 5), celles qui naissent au-dessous d'un renflement charnu composé de couches ou d'écailles succulentes, comme l'oignon, l'ail, le poireau.

Dieu a doué les racines d'une force naturelle qui les porte à se diriger constamment vers le centre de la terre et à s'y enfoncer, tandis que les autres parties du végétal tendent sans cesse à s'élever vers les cieux.

Tige. — La tige commence au collet ; le plus souvent elle

1.

s'élève en droite ligne ; mais quelquefois elle se ramifie et forme buisson; d'autres fois, ne pouvant se soutenir dans une position verticale, elle retombe sur le sol et court en rampant sur la terre.

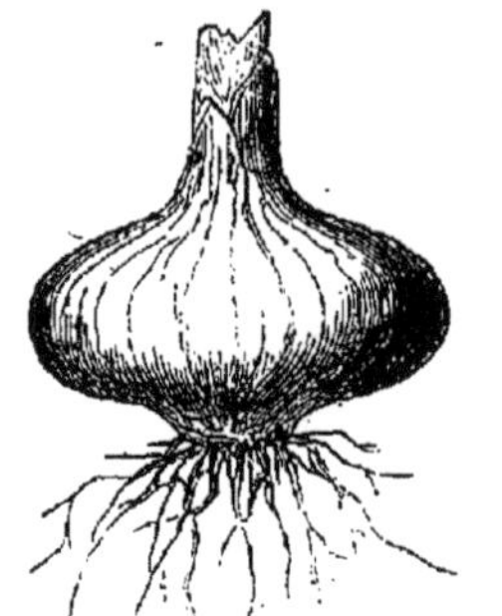

Grav. 5. — Racines bulbeuses.

Classification. — De là cette grande division en tiges *ligneuses*, *sous-ligneuses herbacées* : — les *tiges ligneuses* sont roides et dures comme du bois; — les *tiges sous-ligneuses*, d'abord molles et flexibles, deviennent en vieillissant fermes, dures, comme les tiges ligneuses; — les *tiges herbacées* sont sans force, sans consistance, et conservent leur couleur verte.

A ces trois sortes de tiges on peut ajouter :

1° Les *tiges volubiles* (grav. 6), qui s'enroulent autour des tuteurs, des arbres voisins ou des espaliers.

La nature leur a donné des mains et des vrilles à l'aide desquelles elles s'accrochent à tout ce qui les environne : voyez les liserons, les pois, etc.

Grav. 6. — Tiges volubiles.

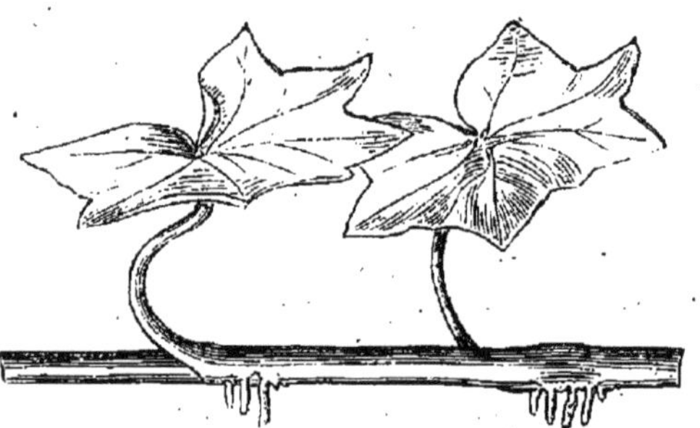

Grav. 7. — Tiges à crampons.

2° Les *tiges à crampons* (grav. 7), qui, par le moyen de petites racines courtes et renforcées, se cramponnent au tronc des arbres, aux rochers, aux murailles, comme le lierre;

3° Les *tiges sarmenteuses* (grav. 8), qui ne s'enroulent pas, mais qui s'attachent à l'aide de leurs mains, comme la vigne, la clématite, etc.

Grav. 8. — Tiges sarmenteuses.

STRUCTURE INTÉRIEURE DES TIGES. — Cette structure a été l'objet d'études et d'observations fort intéressantes que je ne puis développer ici. Il vous suffira d'examiner la gravure 9 pour voir que le centre de la tige est un amas de petits canaux, de petits tuyaux qui, coupés transversalement et vus au microscope, ressemblent au réseau d'une dentelle. Dans les tiges ligneuses, le centre est occupé par le canal de la moelle ; ce qui entoure la moelle reçoit plus particulièrement le nom de bois, et l'on nomme *aubier* (*voir* grav. 9) cette partie plus blanche qu'on distingue aisément entre le bois et l'écorce.

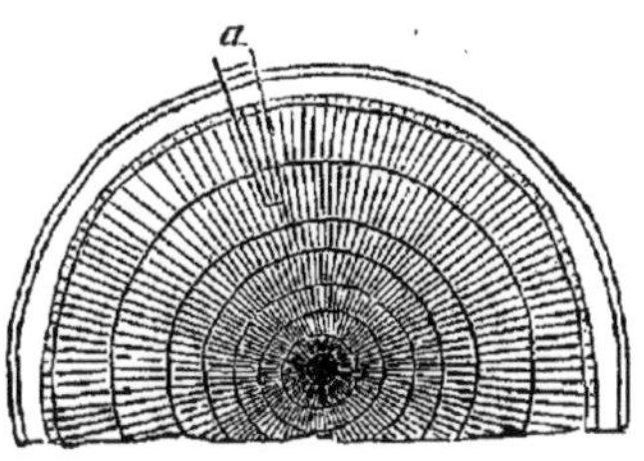

Grav. 9.

L'écorce recouvre le tout ; elle se compose de diverses parties que nous étudierons en temps et lieu. Vous verrez, en effet, que lorsqu'on greffe un arbre il est important de bien connaître ces parties, puisqu'il faut, pour que l'opération réussisse, qu'elles soient immédiatement et parfaitement appliquées les unes sur les autres.

PLANTES SANS TIGE OU ACAULES. — Enfin il est des plantes dont les feuilles sortent immédiatement du collet et n'ont aucune apparence de tige ; mais, le plus souvent, à la suite des feuilles se montre une tige qui supporte les fleurs et les graines : c'est ce qui a lieu dans le chou, les laitues, etc.

Branches et rameaux. — La branche (grav. 10) est une expansion de la tige ; elle apparaît sous la forme d'un bourgeon qui se développe, s'allonge et se garnit de distance en distance de petits yeux, qui eux-mêmes produisent les rameaux et les feuilles. La branche, étant un dérivé de la tige, est composée des mêmes éléments et a la même organisation. Le rameau, toujours herbacé dans sa jeunesse, devient branche en vieillissant.

Feuilles. — Les feuilles ont des fonctions spéciales, et, par suite, une structure et une organisation particulières. C'est par les feuilles que les végétaux respirent et transpirent ; elles sont formées par un assemblage de nervures, par une espèce de charpente recouverte d'une membrane quelquefois très-mince, d'autres fois épaisse, lisse et coriace ; tantôt elles adhèrent immédiatement aux rameaux, tantôt elles sont supportées par de petites tiges qu'on appelle *pétioles*. La surface extérieure des feuilles est criblée de petits trous : ceux de la partie supérieure laissent échapper les matières devenues inutiles; ceux de la face inférieure, au contraire, aspirent l'air et l'humidité qui s'exhale du sol. Les feuilles sont admirablement disposées pour accomplir leurs fonctions importantes : elles présentent à l'air libre leur face supérieure, à la terre leur face inférieure, et, si vous les dérangez, vous les voyez bientôt se contourner, se tourmenter, pour reprendre, tant bien que mal, leur première position.

Formes diverses des feuilles. — Quant aux modifications de la forme, elles sont innombrables; on les distingue par des dénominations faciles à comprendre et à retenir : ainsi il y a des feuilles *rondes*, des feuilles *ovales*, des feuilles *en cœur*, des feuilles *étroites*, *aiguës*, des feuilles *palmées*, *digitées*, *lancéolées*, *sagittées*, etc.

Voulez-vous quelques exemples? La feuille des capucines est *ronde*, celle du poirier est *ovale* (grav. 11), celle du lilas *en cœur*, celle du froment *étroite*, *aiguë*, celle du frêne *palmée*, celle du marronnier *digitée*, celle de l'arum-pied-de-veau *sagittée* (ressemblant à un dard). Les feuilles qui ont la forme d'un

Grav. 10. — Branche. Grav. 11. — Feuille de poirier.

fer de lance sont dites *lancéolées;* quand elles sont larges et découpées sur leur pourtour, on les appelle *échancrées;* enfin, quand elles sont fines, longues, et que leurs bords sont parallèles, comme dans celles du lin, on les dit *linéaires*.

DEUXIÈME LEÇON

LA FLEUR ET SES ORGANES. — PLANTES MONOÏQUES; PLANTES DIOÏQUES; PLANTES HERMAPHRODITES. — FÉCONDATION.

Fleur. — La floraison est sans contredit l'acte le plus important de la vie végétale ; elle annonce et précède le fruit, qui lui-même porte la graine, organe essentiel de tous les arbres, de toutes les plantes. Aussi c'est dans la fleur que Dieu nous montre surtout sa perfection et sa prévoyance infinie.

Vous allez voir, en effet, comment les diverses parties de ce tout si gracieux, si fragile, sont disposées, réunies, pour atteindre le but suprême : la fécondation des semences, et, par suite, la reproduction.

Pédoncule. — La fleur est ordinairement soutenue par un support auquel on a donné le nom de *pédoncule.*

Inflorescence. — La situation, la forme et la direction de ces pédoncules, la manière dont ils sont attachés et groupés au sommet ou le long des rameaux, constituent ce qu'on appelle l'*inflorescence;* chaque inflorescence reçoit un nom particulier d'après l'aspect général que présente la fleur.

Ainsi on distingue :

1° Le *chaton* (grav. 12), comme dans le noisetier, le noyer, le peuplier, le bouleau, etc. ;

Grav. 12. — Chaton.

Grav. 13. — Épi.

2° L'*épi* (grav. 13), comme dans le seigle, le froment;
3° La *grappe* (grav. 14), comme dans le groseillier, l'acacia;

Grav. 14. — Grappe.

Grav. 15. — Tyrse.

4° Le *tyrse* (grav. 15), comme dans le marronnier d'Inde;
5° Le *corymbe* (grav. 16), comme dans le sureau;

Grav. 16. — Corymbe.

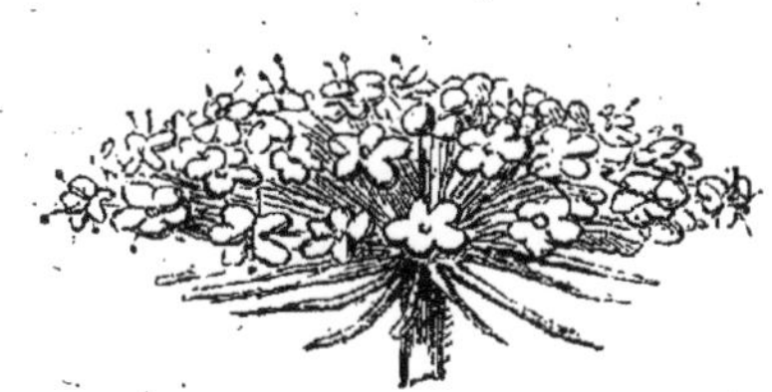
Grav. 17. — Ombelle.

6° L'*ombelle* (grav. 17), comme dans la carotte, le cerfeuil.

L'ombelle, dont les dispositions ressemblent un peu à celles du corymbe, diffère cependant en ce que les pédoncules, dans l'ombelle, partent tous du même point en s'écartant comme les branches d'un parasol, tandis que le corymbe est formé par l'extrémité d'un rameau qui se bifurque, se ramifie, et se termine par un nombre plus ou moins grand de pédoncules.

La figue sort spontanément sur les branches du figuier sans qu'elle ait été précédée d'une fleur quelconque. Il ne faut pas en conclure que le figuier n'a pas de floraison; mais la figue elle même renferme les fleurs qui doivent produire la semence : ainsi, quand vous mangez une figue, vous croquez cette multitude de petits pepins qui sont des graines, et ces graines ont été produites par des fleurs qui étaient cachées dans l'enveloppe.

Organes accessoires de la fleur. — CALICE. — Le pédoncule est terminé le plus souvent par une espèce de gaîne ou enveloppe verdâtre de laquelle s'échappent des feuilles colorées; cette gaîne ou enveloppe est appelée *calice*.

PÉTALES. — On appelle *pétales* chacune des petites feuilles colorées dont la réunion forme la *corolle*.

Grav. 18. — Corolle.

COROLLE (grav. 18). — Elle a pour but de protéger les organes de la fécondation; c'est un premier rempart contre les intempéries et les animaux nuisibles; mais souvent elle serait trop faible, surtout à sa base : le calice, plus ferme, plus robuste, défend cette partie délicate en offrant une certaine résistance aux dangers du dehors.

Dispositions diverses de la corolle. — Ces dispositions sont très-variées; essayons pourtant de les classer, et divisons-les d'abord en deux grandes sections :

1° Les corolles *monopétales*, qui sont formées d'un seul pétale, comme le liseron, la campanule; 2° les corolles *polypétales*, où l'on voit une réunion de plusieurs pétales libres et indépendants les uns des autres, comme dans la rose, l'œillet, etc.

Subdivisons maintenant :

Les monopétales comprennent :

1° Les *campanulées*, en forme de cloche, comme les campanules ;

2° Les *infundibuliformes*, en forme d'entonnoir, comme le liseron ;

3° Les *corolles en roue*, comme la pomme de terre ;

4° Les *tubulées*, fleurs en tube ou tuyau, comme celles du tabac ;

5° Les *labiées*, qui ont des lèvres, comme la sauge, la lavande ;

6° Les *personnées*, qui représentent le masque d'une personne ou d'un animal : la gueule-de-lion, les *orchidées*, sont dans cette catégorie.

Parmi les polypétales on distingue :

1° Les *crucifères*, ayant quatre pétales réguliers disposés en croix, comme le chou, le navet, la giroflée ;

2° Les *rosacées*, qui ont cinq pétales larges, arrondis et disposés comme dans la rose simple, le pommier, le poirier, etc.

3° Les *papillonnacées*, qui affectent la forme d'un papillon, comme les pois, les haricots, l'acacia ; elles se composent de cinq pétales irréguliers : le supérieur se nomme *pavillon*, les deux latéraux portent le nom d'*ailes*, et les inférieurs s'appellent *carène ;*

4° Les *composées*, qui sont formées de petits fleurons tubulés complets et réguliers réunis dans le même calice, comme le chardon, le bluet ; quelquefois ces fleurons ne sont pas complets : on les appelle alors demi-fleurons ; on en trouve de cette sorte dans la chicorée, la laitue ;

5° Enfin les *radiées*, ayant sur le même réceptacle des fleurons et des demi-fleurons, les premiers au centre, et les seconds à la circonférence de la fleur, comme dans les marguerites, les tournesols, etc.

Les fleurons ont leurs organes complets, les demi-fleurons n'ont que des pistils. On voit quelquefois les fleurons du centre se développer et se colorer comme les demi-fleurons; on dit alors que la fleur est double, comme les marguerites-reines, les dahlias, etc.

Organes essentiels de la fleur. — Ovaire. — Prenons une fleur de lis commun (grav. 19) et dépouillons-la de ses six pétales blancs; que reste-t-il? Le pédoncule, au sommet duquel nous voyons un renflement de couleur verte : c'est l'*ovaire* (grav. 20).

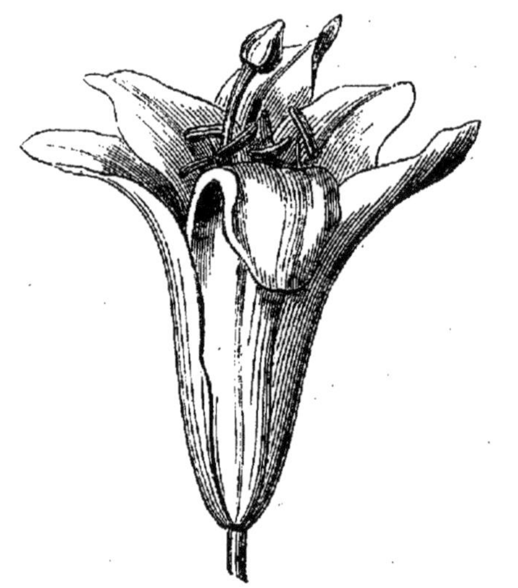

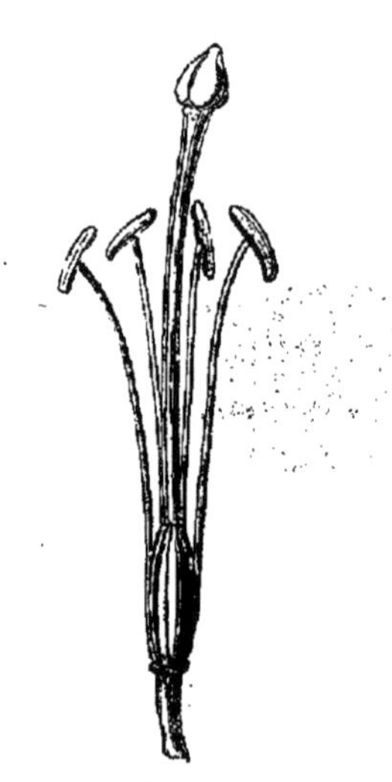

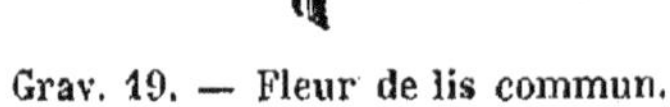

Grav. 19. — Fleur de lis commun.

Grav. 20. — Ovaire.

Pistil (*voir* grav. 20). — Au-dessus de l'ovaire s'élève une petite tige terminée elle-même par un second renflement : c'est le *pistil;* la tige se nomme *style*, et le petit renflement *stigmate*.

Étamines (*voir* grav. 20). — Autour du pistil on remarque plusieurs filets minces et flexibles qui supportent de petites masses jaunâtres de la grosseur et de la forme d'un grain de blé : ce sont les *étamines;* les filets s'appellent *supports*, les masses jaunâtres s'appellent *anthères;* si vous touchez ces masses avec le doigt, elles y laissent une poussière jaune qui a reçu le nom de *pollen*.

J'ai pris le lis pour exemple, parce que dans cette fleur les parties que je viens d'indiquer sont plus grosses et plus faciles à distinguer. On trouve partout le même système, mais avec de grandes différences dans le nombre, la forme et la situation des organes : les étamines sont parfois très-nombreuses, tantôt soudées à l'ovaire, tantôt attachées à la corolle ; le plus souvent l'ovaire est renfermé dans le calice, comme dans la prune, la cerise ; quelquefois cependant il est placé en dehors et au-dessous de ce calice, comme dans la poire, le rosier, etc.

Plantes monoïques. — On remarque sur certaines plantes des fleurs qui n'ont que des pistils et des fleurs qui n'ont que des étamines : on dit que les premières sont des femelles, les secondes des mâles ; les plantes qui portent ainsi sur le même pied les fleurs femelles et les fleurs mâles se nomment *monoïques*, comme les citrouilles et les concombres.

Plantes dioïques. — Il y a aussi des végétaux qui ne portent sur un pied que des fleurs mâles, tandis que les fleurs femelles se trouvent exclusivement sur un autre pied de même espèce; ce sont les plantes *dioïques;* le chanvre, le laurier franc, sont dans cette catégorie.

Plantes hermaphrodites. — Enfin il est des plantes dont les fleurs sont complètes, c'est-à-dire qu'elles ont des pistils et des étamines; on les nomme *hermaphrodites*, ou : qui ont les deux sexes.

Fécondation. — FÉCONDATION NATURELLE. — Lorsque la fleur est épanouie, la chaleur, agissant sur les anthères, les fait ouvrir, il s'en échappe une poussière jaune à laquelle nous avons déjà donné le nom de pollen; cette poussière se répand sur le stigmate, dont le tissu est toujours humide ; chaque grain de pollen renferme lui-même une liqueur, qui, ramollie par l'humidité du stigmate, se répand et coule tout le long du style jusque sur l'ovaire, qu'elle féconde en lui communiquant la faculté germinative.

Quelquefois le pistil est plus long que les étamines et les dépasse de plusieurs millimètres; comment alors le stigmate, plus élevé que les anthères, pourra-t-il recevoir leur poussière fécondante? Ne soyez point inquiets, mes enfants : l'habile Ouvrier qui dispose tous ces organes saura bien aplanir les difficultés; dans ce cas, en effet, la fleur, au lieu d'être tournée vers le ciel, se penche presque toujours du côté de la terre, et, par ce moyen, le pollen retombe comme une pluie légère sur le stigmate. Il arrive encore que, quand les étamines sont trop éloignées des pistils, ceux-ci s'infléchissent vers les premières et se redressent dès que les anthères se sont ouvertes.

Quant aux végétaux monoïques et dioïques, quant à ces plantes immobiles et séparées quelquefois par de grandes distances, on admet généralement que le vent et les insectes sont chargés de porter sur les fleurs femelles ou pistillaires le pollen des fleurs mâles ou staminaires.

Fécondation artificielle. — L'homme a saisi ces indications, il a cherché à imiter la nature en répandant sur les fleurs dont il voulait changer la couleur ou la forme le pollen d'une autre fleur, et il a réussi. Il a ainsi obtenu les nombreuses variétés de plantes que vous voyez surgir chaque jour et dont le commerce tire un si grand parti : c'est ce qu'on appelle la *fécondation artificielle*.

TROISIÈME LEÇON

LE FRUIT ET LA GRAINE. — GERMINATION.

Fruit et graine. — Aussitôt que le grand acte de la fécondation est accompli, la corolle se fane et tombe en lambeaux, l'ovaire grossit, les embryons qu'il renferme se développent, le fruit mûrit, et ces embryons, qui ne sont autre chose que les graines, ont alors acquis les qualités nécessaires pour la germination.

Semence. — Le fruit renferme toujours la semence; c'est une enveloppe tantôt sèche, tantôt charnue, parfois coriace, parfois molle et succulente, dont la forme varie tellement, qu'il serait très-difficile d'en faire le classement et la description. Pour les fruits qui se mangent et que nous cultivons, on admet généralement une division en deux classes : les fruits à *noyaux*, comme la cerise, la prune, la noix, l'amande; et les fruits à *pepins*, comme la poire, la pomme, le raisin.

La semence renferme seule les vertus germinatives; ces vertus se conservent plus ou moins longtemps : un an seulement chez quelques-unes; dix, vingt, trente, cent ans même chez quelques autres.

Quant aux semis naturels, quant à la dispersion de toutes les graines sur la terre, admirez encore avec moi, mes enfants, cette toute-puissance divine, qui sait étendre sa prévoyance et sa bonté sur le moindre brin d'herbe, sur l'insecte le plus imperceptible comme sur la créature la plus noble et la plus parfaite.

C'est ici que nous trouverons l'explication de toutes ces formes diverses, de toutes ces différences dont le but et l'utilité avaient échappé à notre premier coup d'œil.

On comprend, en effet, que ces fleurs, ces fruits et ces graines, abandonnant, au moment de leur maturité, l'arbre ou la plante qui les ont produits, ne pourraient germer et croître dans le petit espace où leur chute les rassemble; il faut donc qu'ils aillent chercher au loin un lieu favorable pour leur développement.

Eh bien, tout a été prévu.

Chaque semence a reçu son moyen de locomotion : les unes ont des ailes, comme l'érable, le frêne, ou des aigrettes plumeuses, comme le pissenlit, la laitue; le vent les enlève et les porte dans les airs, assez haut pour franchir les montagnes; les autres, renfermées dans des enveloppes imperméables, voguent à la surface des eaux : la noix, l'amande, le coco, traversant les fleuves et les mers, viennent aborder sur les côtes, où ils germent et se fixent au moyen de leurs puissantes racines.

Les fruits trop lourds pour être dispersés par les vents ou pour flotter sur les eaux sont transportés par les quadrupèdes et les oiseaux : tels sont les poires, les pommes, les marrons, les glands, les noyaux de cerise, que le merle avale et dépose bientôt sur le sol sans avoir pu les digérer.

Enfin, il est quelques plantes qui n'ont besoin d'aucun secours pour jeter au loin leurs graines : voyez la balsamine, par exemple, comme elle fait voler au loin les siennes quand une main indiscrète touche la capsule qui les contient !

Germination. — Conditions nécessaires. — Lorsqu'une semence, parvenue à l'état de maturité, est placée dans des conditions favorables, elle se gonfle, rompt ses enveloppes, et laisse échapper d'un côté sa petite racine, qui ne tarde pas à s'enfoncer dans le sol, et de l'autre une jeune tige herbacée, appelée *gémule,* qui tend à se diriger vers la région de l'air et de la lumière ; c'est ce qu'on appelle la germination.

La chaleur et l'humidité peuvent seules faire gonfler et germer les graines. Mettez dans un vase des fèves, des haricots, du millet, mouillez et placez le vase dans un lieu chaud : au bout de quatre ou cinq jours toutes les petites racines seront sorties; mais, pour les faire passer de l'état de germination à l'état de végétation, c'est-à-dire pour que toutes ces graines, ainsi germées, deviennent des végétaux complets, une troisième condition est presque toujours nécessaire : il faut qu'elles soient déposées dans une terre convenablement préparée. C'est alors seulement que la petite racine grossit, s'enfonce et se ramifie; c'est alors que les deux premières feuilles de la tige herbacée, qui sont appelées *feuilles séminales* ou *cotylédons*, se fortifient et nourrissent cette tige, qui s'élance, pousse des feuilles, des rameaux, des branches, et devient une plante parfaite.

J'ai dit que la terre était presque toujours nécessaire; je n'ai pas dit toujours, car il y a de nombreux exemples de végétation, même de floraison, sans le secours de la terre : la jacinthe placée dans le goulot d'une carafe pleine d'eau pousse et donne des fleurs; le blé, le mil, etc., végètent assez longtemps sur un plateau dont on entretient la surface humide; enfin ces diverses plantes qui vivent sur les pierres, sur le tronc des arbres, sur le marbre même, accomplissent leur végétation et fructifient sans le secours d'aucune parcelle de terre.

Un mot ici pour prévenir une confusion.

On dit quelquefois que les oignons sont germés, que les pommes de terre sont germées; cette expression n'est pas juste : il y a, dans ce cas, un réveil de la végétation, et non une germination; le tubercule de la pomme de terre, la bulbe des oignons, des navets, des carottes, ne sont pas des graines, ce sont des racines dans le sein desquelles la végétation s'endort et se réveille quand elle sent, elle aussi, l'influence de la chaleur et de l'humidité; il n'y a plus dans ce cas de petite racine, de tige, de feuilles séminales, on ne voit qu'un bourgeon qui se développe, que des racines qui poussent et s'allongent quand elles trouvent un aliment.

Disons maintenant ce que c'est qu'une *gémule*, ce que c'est qu'un *cotylédon*.

Gémule et cotylédons. — La *gémule* est une petite tige herbacée qui s'élance hors de la terre, accompagnée dans certains cas d'une ou deux feuilles d'une nature particulière et terminée par un petit œil qui se développe rapidement pour produire des rameaux, des branches, etc.

Ces petites feuilles, d'une nature particulière, que j'ai désignées sous le nom de *feuilles séminales*, sont les *cotylédons;* elles sont produites par l'amande de la graine qui se partage et suit la *gémule* pour la protéger jusqu'à son entier développement, sons la forme et la couleur de deux feuilles le plus souvent ovales ou rondes.

Dans quelques cas, la gémule se développe au-dessus du cotylédon et sort sous la forme d'une seule feuille; alors l'amande ne se divise pas, reste dans la terre et ne quitte point le collet de la racine.

Enfin il est des végétaux qui sont privés de cotylédons et naissent sous des formes diverses, comme les champignons, les fucus et tous les cryptogames.

Plantes dicotylédonées, monocotylédonées, acotylédonées. — Les diverses observations qui précèdent ont donné lieu à la classification suivante, qu'il faut bien retenir :

Les *dicotylédonées*, qui ont deux cotylédons, ou deux feuilles séminales ;

Les *monocotylédonées*, qui n'ont qu'un cotylédon, ou une seule feuille séminale;

Les *acotylédonées*, qui n'ont pas de cotylédons.

On trouve aussi quelques végétaux qui naissent avec plus de deux cotylédons, comme le cyprès, les pins, etc.; ils ont été classés parmi les *dycotylédonées*.

CHAPITRE II

PRINCIPAUX AGENTS DE LA VÉGÉTATION

QUATRIÈME LEÇON

L'AIR, LA CHALEUR ET LA LUMIÈRE.

Air. — Vous savez déjà que les végétaux sont des êtres qui vivent et respirent ; dès lors ils ont besoin d'air.

On entend par air cette enveloppe invisible, impalpable, qui environne la terre et que nous respirons nous-mêmes comme tous les êtres organisés.

COMPOSITION DE L'AIR. — L'air n'est pas un corps simple ; il est composé de diverses parties qu'on appelle *gaz*. L'homme, à force d'études et d'expériences, est parvenu à les reconnaître et à les diviser.

Ainsi on trouve dans l'air : 1° du gaz *oxygène;* 2° du gaz *azote;* 3° de l'*acide carbonique;* 4° une quantité très-variable de *vapeur d'eau;* 5° enfin un peu de gaz *hydrogène.*

Absorption des différents gaz de l'air par les végétaux. — Les végétaux absorbent l'*oxygène* par les feuilles pendant la nuit, et rejettent pendant le jour ce qu'ils ont pris de trop.

L'*acide carbonique*, au contraire, est absorbé pendant le jour et rejeté pendant la nuit. Le gaz *acide carbonique* est une combinaison d'*oxygène* et de *carbone;* la lumière le décompose et fixe le carbone dans les feuilles des végétaux : c'est ce qui produit la couleur verte.

L'*azote* est répandu en assez grande quantité dans l'atmosphère ; les feuilles et les autres parties vertes des plantes peuvent l'absorber directement lorsqu'il se combine avec la vapeur d'eau ; mais il est surtout absorbé par les racines, parce qu'il est contenu en grande quantité dans les engrais que l'on enfouit pour augmenter la fertilité du sol.

Il faut donc, pour conserver aux plantes cultivées, soit en pleine terre, soit en pots, une santé parfaite, une végétation vigoureuse, qu'elles soient placées dans un lieu sain, aéré, de manière qu'elles absorbent un air pur et abondant.

Il faut encore que cet air leur arrive de tous les côtés et sans trouver d'obstacle : c'est pourquoi, dans un jardin, on doit planter les arbres de manière que l'air puisse circuler librement entre les branches et les feuilles. C'est pour cela qu'on doit espacer entre eux les plants de légumes ; car, lorsqu'ils se touchent, ils sont bientôt privés d'air, surchargés d'humidité, jaunissent, végètent mal et s'étiolent.

Chaleur. — Chaleur solaire. — La chaleur est, avec l'air et l'humidité, un agent très-puissant de la végétation ; elle vient du soleil, se manifeste dans toutes les directions et nous arrive toujours en ligne droite sous la forme de rayons lumineux. Ces rayons ont la propriété d'échauffer la terre, de la pénétrer; ils ont même assez de force pour traverser certains corps opaques ou transparents, tels que les métaux, le verre, etc.

Tous les végétaux n'ont pas besoin, pour croître, du même degré de chaleur : les uns poussent au grand soleil, les autres aiment à se trouver à l'ombre; quelques-uns naissent et vivent dans les sables brûlants des pays les plus chauds, d'autres dans les contrées du Nord et jusque sous les glaces de nos îles polaires. Celui qui veut cultiver toutes ces plantes diverses est donc obligé d'étudier leurs goûts, leurs habitudes; et ce n'est pas là une des moindres difficultés du jardinage.

La chaleur se propage quelquefois par réflexion, c'est-à-dire que les rayons du soleil, frappant sur un mur, par exemple, sont renvoyés, réfléchis immédiatement, et acquièrent ainsi une force double. Si donc un arbuste aime la chaleur modérée, il faut se garder de le mettre le long d'un mur ou d'un abri; il y souffrirait : c'est le grand air qu'il veut, c'est une chaleur uniformément répandue et toujours modifiée par l'action de l'air. De même, lorsqu'on sait qu'une plante se plaît à l'ombre, on ne doit pas la placer sous un épais feuillage que l'air et le soleil ne peuvent traverser; on doit choisir un endroit aéré, sous de grands arbres, par exemple, dont les branches élevées brisent seulement les rayons de l'astre du jour, sans empêcher la circulation de l'air.

Chaleur artificielle. — La chaleur artificielle peut quelquefois remplacer la chaleur du soleil : ainsi, au moyen du fumier que l'on entasse et qu'on fait fermenter, on peut activer la germination et la végétation des plantes; on peut aussi obtenir dans les serres une température très-élevée à l'aide d'appareils chauffés par le bois ou par le charbon.

Minimum et maximum de chaleur pour les plantes. — Pour chaque espèce de plante il est un point extrême de chaleur au-dessus duquel elles ne peuvent vivre, et un point extrême de refroidissement au-dessous duquel elles périssent : ces deux points s'appellent le *maximum* et le *minimum*; tous les points intermédiaires sont des degrés, et peuvent être appréciés au moyen d'un instrument, le *thermomètre.*

Lumière. — La lumière vient aussi du soleil, et, comme la chaleur, elle se propage en ligne droite dans toutes les directions.

Elle a pour effet, comme nous l'avons déjà dit, de décomposer l'acide carbonique, de fixer le carbone dans le tissu des feuilles et des tiges, et de produire ainsi la couleur verte.

On peut aisément avoir la preuve de ce phénomène : liez une romaine, une chicorée ; couvrez de paille un liétron : la végétation ne sera point interrompue; mais, au bout de quelque temps, les feuilles, privées de lumière, auront perdu leur couleur verte et seront devenues d'un blanc jaunâtre.

PUISSANCE D'ATTRACTION DE LA LUMIÈRE. — La lumière possède en outre une puissance d'attraction, c'est-à-dire que les plantes en végétation tournent toujours vers elle leurs feuilles, leurs rameaux et leurs fleurs : voyez le tournesol, les pensées, l'héliotrope, etc.; voyez, dans une serre, la direction des rameaux; voyez enfin, dans une cave, comme les pousses des pommes de terre, des oignons, des racines, se penchent vers l'étroite ouverture par où s'introduit la lumière.

CINQUIÈME LEÇON

L'EAU.

Eau. — SA COMPOSITION. — L'eau, répandue dans toute la nature, porte aux plantes comme aux animaux la vie et la santé. Elle est composée d'hydrogène et d'oxygène, et peut se présenter à nous sous trois aspects différents.

Soumise à une température ordinaire et modérée, elle reste à l'état liquide et ne se vaporise qu'insensiblement ; mais plus la température s'échauffe, plus elle tend à se vaporiser; dès lors elle passe à l'état gazeux, s'élève en *vapeur*, puis, lorsque l'air se refroidit, cette vapeur retombe en pluies bienfaisantes. Enfin, si la température devient plus froide, l'eau prend la forme d'un corps solide qu'on appelle *glace;* dans cet état elle est un obstacle pour la végétation; elle en est, au contraire, à l'état liquide, l'agent le plus indispensable.

On conçoit dès lors qu'on ne peut entreprendre la culture d'un jardin sans avoir à sa disposition un réservoir, une source, un ruisseau, dans lesquels on puise à chaque instant cet agent si utile pour les arbres et pour les plantes.

Propriétés diverses des différentes eaux. — Mais ces eaux, dont la base est l'hydrogène et l'oxygène, n'ont pas toujours les mêmes propriétés; car elles dissolvent et entraînent avec elles une partie des corps à travers lesquels elles s'infiltrent, et, dès lors, leur action sur les végétaux varie selon qu'elles sont plus ou moins chargées de parties étrangères. Quelles sont donc les meilleures pour l'arrosement des jardins?

Eau de pluie. — L'eau de pluie est certainement celle qui renferme le moins de sels et de corps organiques, mais elle s'est imprégnée dans l'atmosphère de principes gazeux qui la rendent légère et très-favorable à la végétation. On la considère comme la meilleure pour arroser, surtout lorsqu'elle a coulé sur la terre avant d'être recueillie, parce qu'alors elle est chargée d'une certaine quantité de matières ou résidus qui s'y décomposent et qui augmentent ses qualités végétatives.

Eaux courantes. — Les eaux courantes sont généralement bonnes, parce qu'elles ont eu le temps d'absorber l'oxygène et l'acide carbonique; que, de plus, elles ont ramassé sur leur passage des détritus de toute espèce.

Eaux stagnantes. — Les eaux stagnantes et corrompues sont bonnes pour les gros légumes dont on ne mange pas les feuilles et qui ont besoin d'une nourriture très-substantielle; mais on doit se garder de les employer à l'arrosement des végétaux délicats dont on mange la feuille ou la racine encore tendre, comme la laitue, les petits radis, etc., car elles pourraient leur communiquer un mauvais goût.

Eau de source. — On appelle eau de source celle qui sort spontanément de la terre pour former une fontaine ou un petit ruisseau. Mais, comme elle a coulé pendant un certain temps dans le sein de la terre avant de trouver une issue à la surface du sol, elle est imprégnée de divers sels, de diverses substances minérales, les unes favorables, les autres contraires à la végétation.

Ainsi les eaux qui coulent sur le granit sont froides, mais ne contiennent aucuns sels nuisibles; on n'a qu'à les exposer à l'air avant de s'en servir, afin de les réchauffer.

Celles qui traversent des couches calcaires sont fortement chargées de sels de chaux, de carbonate ou d'oxyde de fer; elles sont moins favorables, quelquefois même elles sont nuisibles. Il est bon de s'assurer de leurs qualités au moyen de l'analyse.

Si l'analyse révèle la présence de sulfates de fer, il faut se procurer un autre liquide pour arroser. Si, au contraire, elle indique la présence de sels alcalins ou ammoniacs, on peut arroser sans crainte; car ces substances sont de très-bons stimulants pour la végétation.

Eau de puits. — L'eau de puits est sans contredit la moins bonne, parce qu'elle réunit tous les défauts de l'eau de fontaine ou de ruisseau, et qu'en outre elle est toujours très-froide et privée de gaz. Malheureusement c'est la plus commune et la plus employée. Il faut du moins, avant de s'en servir, la laisser séjourner dans des réservoirs, afin qu'elle puisse se réchauffer et se charger des gaz contenus dans l'atmosphère.

Action de l'eau sur la végétation. — Les végétaux, pour se nourrir, s'assimilent une partie des substances solides, liquides ou gazeuses répandues dans le sein de la terre ou contenues dans l'atmosphère : l'absorption de ces substances a lieu soit par les spongioles, soit par les feuilles. L'eau pure ne forme pas seule la base de cette alimentation; mais, comme nous l'avons déjà vu, elle sert à dissoudre les matières qui doivent être assimilées : le liquide, introduit par l'extrémité des racines, monte et se répand dans les végétaux jusqu'au sommet des tiges et des feuilles, par lesquelles il s'évapore. Si l'évaporation est plus forte que la succion, la plante se fane et réclame de l'eau. C'est ainsi que, lorsque la terre est sèche et que le soleil darde ses rayons sur un végétal, on voit ses feuilles retomber et languir.

Arrosements. — On voit, par ce qui précède, qu'il est souvent nécessaire d'arroser les végétaux pour leur redonner la fraîcheur et la vie, et pour rétablir l'équilibre entre l'évaporation des feuilles et l'humidité des racines. On peut arroser de diverses manières.

Irrigation. — Quand l'eau se trouve au niveau de la surface du sol, il est facile, surtout dans les grandes cultures, de pratiquer des rigoles et de faire courir l'eau à travers les planches et les carrés d'un jardin; c'est ce qu'on appelle *irrigation.*

Arrosoirs et pompes à main. — Le plus souvent néanmoins on répand l'eau dans les jardins après l'avoir puisée dans des arrosoirs, d'où elle s'échappe par un tuyau terminé par une pomme percée de petits trous : on produit alors sur le terrain l'effet de la pluie; quelquefois on verse l'eau immédiatement au pied de la plante en ayant soin d'ôter préalablement la pomme de l'arrosoir.

Enfin, on se sert aussi de pompes à main, que l'on place dans un vase rempli d'eau, et qui, projetant le liquide à une certaine hauteur, sont fort utiles pour arroser les feuilles des plantes et des arbustes un peu élevés.

SIXIÈME LEÇON

LA TERRE. — AMENDEMENTS ET ENGRAIS.

Terre. — La terre, mes enfants, est la nourrice du genre humain; c'est de son sein fécond que s'écoulent sans cesse les moissons, les fruits, les produits de mille sortes avec lesquels l'homme se nourrit, se vêtit et s'enrichit. Mais, après la chute de notre père commun, Dieu ne permit plus de recueillir sans peine et sans travail tous ces trésors. Il condamna l'homme déchu à creuser chaque jour un pénible sillon pour y déposer des semences qu'il arrose de ses sueurs et qu'il ne peut récolter qu'après bien des fatigues.

Abandonnez la terre, négligez de la soigner, de la cultiver, elle demeure stérile : c'est alors la disette, la famine, les calamités de toute nature. Vous le voyez, le métier de laboureur est le plus honorable, le plus important de tous les métiers. Les soins que le laboureur donne à la terre constituent ce qu'on appelle l'*agriculture*. Le *jardinage*, qui n'est que l'agriculture autour de la maison, délasse l'homme des champs de ses rudes travaux; il le distrait et lui fournit des légumes, des fruits pour se rafraîchir, des fleurs même pour orner son habitation champêtre. La terre est donc le fondement de l'agriculture, comme elle est le fondement du jardinage, le milieu nécessaire, indispensable à toute espèce de végétation; mais elle n'est pas toujours composée des mêmes éléments, des mêmes matières. C'est pourquoi il faut étudier et connaître les diverses parties de ce tout que vous voyez dans vos jardins et que vous appelez la terre.

Différentes espèces de terre. — En horticulture, on connaît quatre espèces de terre : la terre *argileuse* ou *argile*, la terre *sableuse* ou *silice*, la terre *crayeuse* ou *calcaire*, la terre *végétale* ou l'*humus*.

Tout sol cultivable peut contenir ces quatre éléments : ce sont leurs diverses proportions qui rendent nos jardins plus ou moins fertiles; il faut par conséquent les considérer d'abord séparément pour apprécier ensuite leurs mélanges.

Argile. — La *terre argileuse* ou *argile* contient ordinairement de l'oxyde de fer; elle sert de base à l'alun; c'est pourquoi on l'appelle aussi *alumine;* elle est molle, douce au toucher, retient l'eau, se pétrit et prend toutes les formes qu'on veut lui donner; elle se durcit en séchant, et, si on la cuit au feu elle acquiert la solidité de la pierre; c'est ce qu'on appelle vulgairement *terre glaise*. On s'en sert pour la fabrication des tuiles, des briques, des pots, etc.

Les végétaux vivent mal dans cette terre; leurs racines ne peuvent s'y étendre convenablement. Pendant la sécheresse, l'argile se fend, et, dans ses contractions, déchire les jeunes racines; la tige, comprimée à son collet, languit et finit par mourir. Si, au contraire, les pluies surviennent, le sol les reçoit, les conserve comme un bassin; les racines pourrissent, se décomposent, et la plante périt dans cette humidité stagnante.

Silice. — La *terre sableuse* ou *silice* se compose des détritus du silex ou sable pur; elle est stérile, car l'eau passe à travers ce triste sol comme à travers un crible sans lui laisser d'humidité. La chaleur, au contraire, s'y concentre, et les végétaux y sont promptement brûlés.

Terre calcaire. — La *terre calcaire* a pour base le carbonate de chaux; elle est rarement pure, on la trouve le plus souvent mêlée avec du sable et un peu d'argile; elle contient aussi des sels ammoniacaux qui la rendent très-précieuse pour l'amendement des terres froides et trop argileuses. De même, en mêlant dans des proportions convenables de la terre calcaire et de la terre argileuse, on peut obtenir un sol riche et fertile.

Humus. — La *terre végétale* ou l'*humus* est cette couche plus ou moins épaisse qui recouvre le plus souvent les autres couches de notre sol. Elle est formée par les détritus des végétaux, par les excréments et les débris des animaux, lorsqu'ils ont subi tous les degrés de la décomposition; elle est spongieuse, légère, riche en substances propres à la nourriture des végétaux, et réunit toutes les qualités d'une terre fertile.

Néanmoins, si elle était seule, les grands arbres n'y vivraient pas longtemps, parce qu'ils ne pourraient s'y cramponner assez fortement pour résister aux ouragans et aux tempêtes.

TERRE PROPRE A LA CULTURE. — On voit que l'argile, le sable et le calcaire purs sont incapables de fournir une bonne végétation; que l'humus, au contraire, est trop fertile, et que c'est par le mélange de ces quatre agents principaux qu'on obtient des terres propres aux diverses cultures qu'on veut entreprendre.

Ainsi, quand la terre est trop compacte, trop lourde, que l'argile y domine, on peut mêler du calcaire ou du sable pour la diviser et la rendre plus légère; quand, au contraire, elle est trop sablonneuse ou trop pierreuse, on y ajoute de l'humus et de l'argile pour la rendre moins friable, moins aride et moins prompte à se dessécher.

Terre franche. — Quelquefois le mélange est tout fait, le sol est naturellement fertile et propre à toutes sortes de culture; c'est ce qu'on appelle la *terre franche :* elle se compose des quatre substances dont nous avons parlé, qui, le plus ordinairement, s'y rencontrent dans les proportions suivantes : 15 parties d'humus, 20 parties de calcaire, 40 parties d'argile et 25 parties de sable.

Il y a encore d'autres matières propres à améliorer, modifier la nature d'un sol rebelle; ce sont les *amendements* et les *engrais*.

Amendements et engrais. — Ces deux mots, que l'on confond quelquefois dans le langage vulgaire, n'ont pas la même signification.

On appelle *amendements* des substances minérales, comme la chaux, la marne, le sable, les terreaux, etc., qui servent à modifier la terre sans rien fournir directement à l'alimentation des végétaux. Leur action est purement mécanique, ils changent les conditions matérielles du sol et le disposent à recevoir plus favorablement les soins du cultivateur.

On donne le nom d'*engrais* à tous les débris végétaux et animaux amenés à l'état de décomposition. Ils agissent non-seulement comme amendements en se mêlant à la terre, en la rendant, suivant leur nature, plus friable, plus compacte, plus grasse ou plus légère; mais encore en portant aux parties inférieures des plantes une grande quantité de matières grasses, de sels très-actifs, qui se dissolvent dans l'eau, et sont absorbés par les racines.

Diverses espèces d'engrais. — Les engrais sont purement

végétaux, comme les feuilles pourries, la tannée, etc.; ou purement animaux, comme la colombine, le noir animal, le guano, etc.; ou enfin ils participent des deux natures, comme le *fumier* ordinaire, qui n'est autre chose que de la paille ou de l'herbe imprégnées des excréments et de l'urine des animaux.

Fumiers. — Les *fumiers* ne produisent pas tous les mêmes effets. Celui de cheval, de mulet, de brebis, est chaud, léger : il convient surtout aux terres froides, humides et compactes; celui du bœuf, plus lourd, plus gras, est fort utile dans les terrains sableux ou pierreux pour leur donner la cohérence et la fraîcheur dont ils ont besoin pendant les chaleurs de l'été.

Stimulants. — On donne le nom de *stimulants* à des substances qui ne servent ni pour amender, ni pour engraisser le sol, mais qui se répandent seulement sur les plantes pour en activer la végétation; les principaux stimulants sont les cendres et le plâtre cru réduit en poudre. On ne les emploie guère que dans les grandes cultures. Ils sont inutiles et quelquefois nuisibles pour le jardinage.

Ici se termine l'exposé des principes généraux; nous allons maintenant passer à la pratique.

CHAPITRE III

OPÉRATIONS PRATIQUES

SEPTIÈME LEÇON

LABOURS.

Labours. — Il faut donner au sol de fréquents labours, afin de l'ameublir et de le rendre plus accessible à la chaleur et à l'humidité.

Je vous le disais tout à l'heure, mes chers amis, l'homme, après sa première faute, fut condamné à se nourrir de son travail; c'est la condition de l'humanité. Aussi la terre la plus fertile ne produit-elle rien, si on ne la remue en tous sens, s' on ne la retourne souvent pour la diviser et l'ameublir.

Vous vous rappelez sans doute la fable du bon la Fontaine où ce père de famille, sentant sa fin prochaine, fait venir ses enfants et leur dit : « Un trésor est caché dans le champ que je vous laisse; fouillez, creusez, retournez, prenez de la peine, et vous le découvrirez sûrement. » Le bonhomme disait vrai : ce champ, bien remué, bien labouré, devint pour les enfants un fonds inépuisable de riches moissons.

Avantages des labours. — Les labours rendent la terre légère, ils permettent à la chaleur et à l'humidité de la pénétrer plus profondément; le dessus du terrain, chauffé par le soleil, se trouve mis dessous et communique sa bienfaisante chaleur aux racines des plantes.

Les labours ont encore d'autres avantages : la couche inférieure de la terre étant toujours plus chargée de sels que la couche supérieure, ces sels, qui tendent constamment à s'enfoncer dans le sol, sont ramenés à la surface et pénètrent doucement jusqu'aux spongioles, qu'ils fertilisent. Les labours aident ainsi puissamment à nourrir le végétal. Ils détruisent aussi les mauvaises herbes, qui, une fois enterrées, pourrissent et servent d'engrais à la terre.

Époques diverses des labours. — Toutes les terres ne demandent pas à être labourées à la même époque. Un sol léger doit être retourné avant l'hiver, pour que les pluies et les neiges le pénètrent profondément et lui procurent l'humidité dont il est privé; puis on le laboure au printemps par un temps humide. Si on est obligé de faire cette opération pendant l'été, il faut avoir soin, quand on l'a terminée, de mouiller le sol, afin d'en rapprocher les parties et de rendre moins prompte l'évaporation de l'humidité.

Les terres fortes, au contraire, exigent un léger labour à la fin d'octobre, pour les dresser et faire périr les mauvaises herbes. Au printemps, par un temps sec, on les remue pour les rompre, les diviser et faire évaporer l'humidité trop abondante.

Il faut biner très-souvent, afin de prévenir les gerçures qui laissent pénétrer la chaleur jusqu'aux racines des plantes et les dessèchent : les binages sont très-utiles en été pour ameublir la surface, couper les herbes qui nuisent à la terre, pour donner enfin un libre passage à l'eau des pluies et des arrosements.

On doit toujours avoir soin de labourer avec précaution au pied des arbustes et des jeunes arbres, de peur que les racines ne soient blessées par la bêche. Il est très-important aussi de ne pas labourer autour des plantes tendres et délicates, lorsque les nuits et les matinées du printemps sont encore froides, parce que les terres ouvertes par les labours laissent échapper beaucoup plus de vapeurs que celles dont la surface est ferme ; les tiges et les feuilles, attendries par ces vapeurs, seraient brûlées par la plus petite gelée blanche.

HUITIÈME LEÇON

LE JARDIN POTAGER.

Jardin potager. — CONDITIONS PRINCIPALES D'ÉTABLISSEMENT. — On ne choisit pas toujours l'emplacement du jardin que l'on se propose de cultiver. Les raisons de convenance, la proximité de l'habitation, l'exposition, l'étendue, vous forcent souvent à établir des plantations dans un sol où la nature n'a pas convenablement opéré le mélange des diverses espèces de terre dont nous avons déjà parlé. La main de l'homme doit suppléer à ces inconvénients au moyen des amendements et des engrais.

Voici les principales conditions pour l'établissement du jardin à légumes :

Que la couche cultivable soit assez profonde et qu'elle repose sur un sol perméable ;

Que le terrain soit exposé et légèrement incliné au sud ; une surface entièrement plate est également bonne, pourvu qu'elle soit abritée du nord et de l'ouest par des haies, des arbres, des murs, des habitations, etc.

Si les circonstances vous obligent à cultiver un jardin déjà créé et mal disposé, vous devez combattre l'inconvénient des mauvaises expositions par l'emploi des côtières, des palissades, des abris, et la stérilité du sol par l'addition de fumiers, de terreaux et autres amendements ou engrais.

Surtout n'oubliez pas qu'il faut de l'eau ; renoncez à planter des légumes, si vous n'avez à votre portée cet élément si nécessaire pour toute espèce de végétation.

Distribution du potager. — Le terrain une fois trouvé, la distribution est simple et presque toujours régulière ; en effet, la forme la plus ordinaire est le carré plus ou moins allongé. Les allées, sans envahir trop de terrain, devront néanmoins être assez larges pour qu'on puisse facilement y passer avec une civière ou une brouette. Il importe que les carrés soient abordables dans tous les sens, pour l'arrivage des engrais et l'enlèvement des produits.

Quant à la direction de ces allées, le plus souvent on leur donne la forme d'une croix, de manière à diviser le jardin en quatre parties ; puis on subdivise ces quatre parties en carrés égaux, à l'aide de passé-pieds plus ou moins larges, suivant l'importance et l'étendue du terrain. Le long des murs on ménage des plates-bandes, très-utiles pour recevoir les plants de laitues, les haricots, les fèves et les pois de primeur.

Dans l'intérieur des carrés, on dresse des planches qui doivent être, autant que possible, dirigées de l'est à l'ouest ; cette disposition permet d'abriter au besoin chaque planche, à l'aide de paillassons soutenus par des piquets et faisant face au sud, pour préserver les semis de printemps et les autres cultures délicates. On doit assigner aussi une place à part pour les plantes qui font attendre leurs produits et occupent la même situation pendant plus d'une année.

Enfin, il est bon de consacrer quelques plates-bandes autour des carrés pour la culture des fleurs et arbustes d'ornement : le jardin potager, où l'utile doit sans doute être préféré à l'agréable, n'exclut pas cependant la présence si récréative de quelques végétaux d'agrément.

Il est certain, en effet, que l'aspect d'un carré de beaux légumes, plantés en planches alignées, devient plus agréable et plus gai, s'il est gracieusement encadré dans une plate-bande ornée de rosiers en boule, de plantes vivaces et de fleurs odorantes.

NEUVIÈME LEÇON

CULTURES FORCÉES.

Cultures forcées. — Vous savez déjà, mes petits amis, que la chaleur et l'humidité concourent simultanément à mettre en mouvement tout le mécanisme de la végétation; vous savez que la chaleur surtout est un agent indispensable pour activer, stimuler la puissance germinative des graines ; or on s'est dit : Si, par des moyens artificiels, il était possible de réchauffer la terre, d'adoucir, d'élever même la température de l'atmosphère, les graines lèveraient plus vite, pousseraient malgré le froid et donneraient ainsi des légumes avant leur saison.

L'homme alors chercha, inventa et parvint à hâter la végétation des légumes, la floraison des plantes d'agrément, la maturité de certains fruits, tels que les fraises, les cerises, les groseilles, etc.

C'est ce qu'on appelle *culture forcée* ou *de primeurs*.

Principales méthodes de culture forcée. — Les principaux

moyens employés pour obtenir ces précieux résultats sont : 1° les *abris*, 2° les *ados*, 3° les *paillassons*, 4° les *cloches*, 5° les *couches*, 6° les *châssis*.

Abri. — On appelle *abri* une palissade, une haie, un mur, qui préservent des vents froids un terrain, et le long desquels les graines et les plants sont toujours de quelques semaines plus avancés qu'en plein air.

Ados. — Choisissez l'emplacement le mieux abrité d'un jardin, et labourez la terre de manière à faire un très-gros sillon dont un côté est fortement incliné au midi ou même au levant; vous obtiendrez ainsi un *ados* sur lequel les radis, les laitues, les graines de toute sorte, viendront certainement plus tôt qu'en plein carré.

Paillasson. — Le *paillasson* s'emploie comme abri ou comme couverture : comme abri, en le dressant le long de quelques pieux fichés en terre pour préserver les jeunes plants, les pois verts, les salades; comme couverture, en le posant, la nuit et quand il gèle, sur des perches soutenues par des piquets, afin de couvrir les semis de pleine terre, les plantes tendres, les arbustes délicats, etc.; en l'étendant le long des espaliers pour conserver les jeunes fruits des pêchers et des abricotiers; enfin, en le mettant sur les cloches (grav. 21) et les châssis, quand on craint que la gelée ne traverse le verre ou que le soleil ne brûle les végétaux qui y sont abrités.

On fabrique les paillassons en étendant sur des ficelles placées et fixées parallèlement à 30 centimètres les unes des autres, de la paille de seigle que l'on noue avec une autre ficelle, par petits paquets gros comme le pouce, pour former ainsi une espèce de natte flexible, facile à rouler ou à dérouler, selon le besoin.

Cloches. — Les *cloches* (*voir* grav. 21) sont utiles dans les jardins pour abriter certaines plantes isolées et délicates, certains semis, certains plants auxquels la chaleur de la couche ne suffirait pas.

Le nom qu'on leur a donné indique suffisamment la forme

qu'elles doivent avoir. Les unes sont en verre plein, les autres sont faites de plusieurs pièces jointes ensemble par des lames de plomb comme les vitraux des églises.

Grav. 21. — Paillasson abritant des cloches.

Les premières sont les meilleures, parce qu'elles sont entièrement transparentes : la lumière, en effet, les frappe et les traverse de toutes parts ; mais, une fois cassées, elles sont à peu près perdues.

Les secondes sont moins bonnes, parce que chaque lame de plomb qui sert à joindre les pièces de verre produit une ombre et intercepte une petite partie de lumière ; mais, quand elles se brisent, elles offrent cet avantage qu'on peut les réparer à peu de frais : cette considération a bien quelque valeur, surtout pour les jardiniers de profession.

Châssis. — Le *châssis* (grav. 22) est un autre genre de couverture, beaucoup plus dispendieux, il est vrai, mais beaucoup plus efficace, beaucoup plus commode et beaucoup plus sûr. Un jardinier intelligent qui dispose en même temps de l'abri d'un châssis et de la chaleur d'une couche, peut obtenir, pendant les plus grands froids, des radis, des laitues, des asperges, des haricots verts, des fraises, des violettes, etc. Il peut récolter aussi, dès les premiers jours de mai, les carottes nouvelles, les tomates, les concombres, les melons. Aussi voit-on, autour des grandes villes, la plupart des jardiniers se livrer presque exclusivement à ce genre de culture, fort lucratif pour ceux qui le pratiquent avec intelligence.

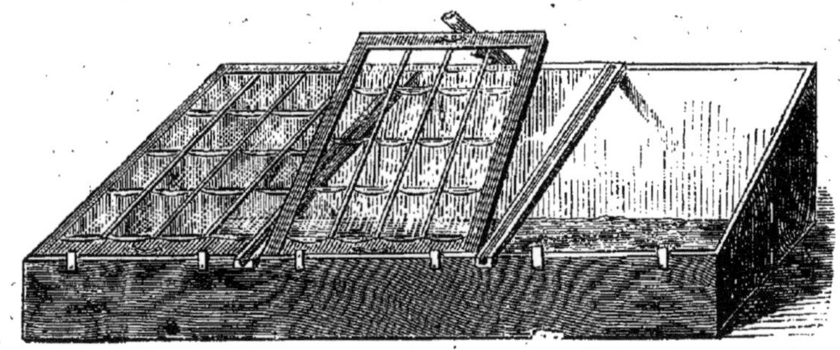

Grav. 22. — Châssis.

On appelle *châssis* des panneaux en bois munis de feuillures et garnis de carreaux de vitres fixes ou mobiles; ces panneaux reposent sur des cadres également en bois, qui reçoivent le nom de *coffres*. Ces coffres peuvent avoir, en longueur, une étendue indéfinie, suivant le nombre de châssis qu'ils doivent supporter; cependant, pour la facilité du service, on ne peut guère leur donner plus de 3 mètres 50 centimètres de long; dans ce cas, ils supportent trois panneaux et sont divisés en trois parties égales par deux traverses en bois. Quelquefois aussi on a des coffres séparés pour chaque panneau vitré; la largeur de ces coffres varie depuis 1 mètre jusqu'à 1 mètre 30 centimètres. Cette mesure ne doit pas être dépassée, afin que les bras du jardinier puissent facilement atteindre sur tous les points de la couche; la partie postérieure de ce coffre est plus élevée que la partie antérieure, de manière à produire une légère inclinaison.

Couche. — Le plus ordinairement, les châssis sont posés sur une *couche* de fumier chaud, recouverte elle-même d'une certaine quantité de terreau dans lequel on sème ou on plante les légumes que l'on veut forcer.

La *couche* est un amas de fumier de cheval ou de mulet, qui, soigneusement entassé, parfaitement foulé, s'échauffe par la fermentation et communique au terreau dont il est recouvert une température plus ou moins élevée.

Pour construire une couche, on trace d'abord sur le sol un carré long de 1 mètre 20 centimètres sur 2 mètres 50 centimètres ; on place à chacun des angles de cette figure un piquet ou jalon, puis on prend avec une fourche le fumier, qu'on a eu soin d'amener à pied d'œuvre, et on le place entre les quatre piquets, en le fanant et en l'étendant par couches minces. Quand on a mis deux ou trois couches, on foule, soit en trépignant, soit en battant avec la demoiselle, et l'on continue ainsi jusqu'à ce qu'on ait atteint une hauteur de 50 à 60 centimètres.

On n'a plus alors qu'à peigner le pourtour avec un râteau et à couvrir la partie supérieure de 12 à 15 centimètres de terreau.

Il est bien entendu que si la couche est destinée à recevoir un coffre et des châssis, on doit avoir soin de la tenir un peu plus large et un peu plus longue que le coffre, afin qu'elle puisse lui offrir une base solide.

Maintenant, si vous voulez une couche chaude, vous n'emploierez, pour la monter, que du fumier sortant de l'écurie ; dans ce cas, gardez-vous bien de planter ou de semer immédiatement, car, au bout de quatre ou cinq jours, la couche s'échauffe tellement, que les graines ou les plants seraient brûlés : c'est ce qu'on appelle le *coup de feu;* il faut attendre qu'il soit passé.

Pour avoir une couche seulement tiède, on peut se servir de fumier à demi consommé ; il donnera moins de chaleur que le précédent et il n'y a pas de coup de feu.

On peut ranimer la chaleur des couches chaudes, quand elle commence à s'éteindre, au moyen d'un cordon ou bourrelet de fumier chaud que l'on applique tout autour, de manière à les envelopper ; c'est ce qu'on appelle un *réchaud.*

On réveille encore pour quelques instants leurs forces épuisées en les remaniant, c'est-à-dire en les démolissant pour les reconstruire avec le même fumier.

Culture forcée par sentier. — Il est un autre moyen de forcer certains produits de nos jardins.

On creuse dans les passe-pieds d'une planche de fraisiers, d'asperges, etc., une tranchée de 50 centimètres de profondeur sur 40 centimètres environ de largeur ; on remplit cette tranchée de fumier chaud, et, de plus, on couvre les fraisiers ou les pattes d'asperges avec des cloches ou des châssis. On avance ainsi beaucoup la maturité des fraises et l'apparition des asperges : c'est la *culture forcée par sentier*. On emploie fréquemment ce dernier moyen dans les grands jardins ; il est fort avantageux pour forcer les plantes qu'on ne veut ou qu'on ne peut pas déplacer.

Le fumier des réchauds et des sentiers doit être renouvelé lorsque sa chaleur est épuisée, c'est-à-dire tous les quinze ou vingt jours ; dans ce cas, on retire avec une fourche le vieux fumier, pour le remplacer par du fumier neuf bien imprégné de l'urine des animaux ; s'il n'est pas suffisamment humide, il faut avoir soin, afin de stimuler sa fermentation, de l'arroser avec de l'eau légèrement blanchie par une petite quantité de chaux vive.

CHAPITRE IV

MOYENS DE MULTIPLICATION

DIXIÈME LEÇON

LES SEMIS.

Semis. — De tous les moyens de multiplication, le plus facile et le plus naturel est, sans contredit, le semis. Par cette opération, la plus importante du jardinage, on reproduit les plantes à l'infini, on a de nouvelles variétés; on obtient des sujets vigoureux et des végétaux innombrables. Aussi doit-on prendre toutes les précautions nécessaires pour que l'opération réussisse.

Admirez avec moi, mes enfants, la puissance divine dans cette circonstance : nous jetons dans le sol une graine souvent tellement fine, que nous l'apercevons à peine; cette graine, confiée à la terre, ne tarde pas à germer et à produire un végétal magnifique, s'élevant quelquefois à plusieurs mètres de hauteur!

Époques convenables et conditions nécessaires pour les semis. — L'époque la plus convenable pour les semis est le printemps; la plupart des graines semées à l'automne ou pendant l'hiver ne peuvent supporter le froid et périssent. Au printemps, au contraire, le soleil commence à réchauffer la terre, et cette chaleur permet aux graines de lever sans craindre les gelées.

Si cependant on redoutait encore quelques gelées blanches, toujours funestes aux jeunes plantes, on devrait recouvrir le semis d'un paillasson ou de tout autre abri.

Je ne vous parlerai d'abord que des semis en pleine terre, soit pour être laissés sur place, soit pour être transplantés.

Le sol sur lequel on veut faire son semis doit être profondément labouré, parfaitement ameubli, bien nivelé, bien amendé. Il faut choisir une terre douce, légère, fertile et divisée, pour que le plant ait beaucoup de racines; si vous transplantez, la reprise sera plus facile. Je disais tout à l'heure que le terrain doit être nivelé : en effet, s'il en était autrement, l'eau des arrosements, ou même l'eau de pluie, se portant dans les parties basses du semis, ferait pourrir les semences qu'on y déposerait.

Toutes les graines ne doivent pas être semées à la même profondeur. Les graines fines se sèment à fleur de terre; on se contente, après cette opération, de passer le râteau sur le sol pour les couvrir légèrement. Les graines d'une certaine grosseur demandent à être semées plus profondément.

En général, plus une graine est fine, moins elle doit être recouverte. Cela s'explique facilement : dans une graine fine, les feuilles séminales sont très-petites et par conséquent très-faibles ; si vous la recouvrez trop, elle ne peut soulever la terre et périt. Quant aux grosses graines, elles parviennent facilement à traverser la couche qui les recouvre.

Il est certaines graines munies de petites aigrettes ou de poils soyeux, qui tendent constamment à se réunir en pelotons; pour obvier à cet inconvénient, on les mélange avec un peu de sable, afin de les diviser ; cette opération permet de semer régulièrement.

Les graines fines doivent aussi être mélangées, soit avec du sable, soit avec de la cendre ou même de la terre très-fine ; par ce moyen, on sème beaucoup moins épais, et le plant n'en devient que plus beau, parce qu'il est moins gêné.

Le semis terminé, on a soin de le couvrir d'une couche légère de fumier ou de paille fine, qu'on appelle le *pailli*, et qui a pour but d'empêcher les arrosements de former sur la terre une croûte que les jeunes cotylédons ne pourraient percer.

Diverses manières de semer. — Il y a trois manières de semer : 1° *en rayons*, 2° *en potelets*, 3° *à la volée*.

Un mot sur chacune d'elles.

Semis en rayons. — On sème en rayons quand on veut laisser les plantes sur place. On ouvre, à cet effet, au cordeau, de petits sillons de 2 ou 3 centimètres de profondeur, on y répand la graine, puis on recouvre avec la terre déplacée.

Il est bon de remarquer que les plantes semées en rayons lèvent presque toujours trop nombreuses, et que, devant rester sur place, elles se nuiraient entre elles, si la main de l'homme n'était là pour y remédier.

Quand le semis est entièrement levé et que les plants sont assez forts pour que les doigts puissent les saisir facilement, il faut arracher tout ce qui est de trop et ne conserver que les sujets les plus vigoureux, en laissant entre eux l'espace suffisant pour qu'ils puissent se développer à l'aise.

Il est bien entendu que cet espace doit varier suivant la nature et la végétation des plantes que vous voulez cultiver.

Semis en potelets. — On sème en potelets les graines des végétaux qui craignent la transplantation ou qui doivent figurer à des places déterminées. Ce semis se fait en pratiquant, avec le doigt ou avec une fiche, un petit trou dans lequel on dépose la graine que l'on recouvre.

Semis à la volée. — On sème à la volée, quand le plant ne doit rester que quelques semaines en pépinière, pour être repiqué plus tard.

Pour cette dernière manière de semer, on tient la graine dans la main droite, et on la laisse échapper entre les doigts que l'on entr'ouvre légèrement, puis on pique au râteau pour l'enfoncer et la couvrir.

Semis sur couche. — Quand on veut semer sur couche, on fait, comme je vous l'ai déjà dit, des couches de fumier chaud, que l'on recouvre de 12 centimètres de terreau; on attend le coup de feu, et, lorsqu'il n'est plus à craindre, on sème à la volée, comme en pleine terre. Si l'on sème en hiver ou dès les premiers jours du printemps, on peut mettre sur la couche, avant de semer, quelques cloches placées en échiquier; puis, on sème sous chaque cloche les graines que l'on veut forcer. Enfin, quand on veut semer sous châssis, on place les coffres sur la couche avant d'y mettre le terreau; le coffre une fois assujetti, on jette le terreau, on en égalise la surface, on sème, puis on couvre avec le châssis, en ayant bien soin, toutefois, de ne jamais opérer avant que le coup de feu soit passé.

On sème parfois dans des terrines ou dans des pots, qu'on enfonce sur la couche et qu'on recouvre de cloches ou de châssis.

Quant aux arrosements, on doit toujours les donner avec un arrosoir à pomme très-fine afin de ne pas battre le terreau.

ONZIÈME LEÇON

RÉCOLTE ET CONSERVATION DES GRAINES.

Récolte. — Les graines doivent être récoltées au milieu du jour, par un temps sec. On reconnaît l'époque de la maturité à la dessiccation des capsules ou à l'état des semences, qui sont dures et ont perdu leur couleur verte. On les recueille avec précaution dans des vases propres, et en les séparant par espèce et même par couleur, lorsqu'elles sont prises sur les diverses variétés de la même plante, comme la balsamine, la verveine, etc. Il est très-utile de les récolter sur des sujets sains, vigoureux et d'un beau port.

Conservation des graines. — Les graines, après leur récolte, sont exposées au soleil, pour achever la dessiccation et enlever l'humidité. Quand elles sont bien sèches, on les nettoie et on les réunit par espèces et par variétés dans des poches étiquetées et déposées dans un tiroir à l'abri du froid, de l'humidité, de la chaleur trop forte, et hors de la portée des insectes.

Quelques personnes cultivent, pour en faire de petites boîtes, les coloquintes ou les courges, dont la pulpe amère éloigne les insectes ou autres animaux malfaisants. D'autres réunissent en faisceau les tiges qui supportent les capsules, et suspendent ces petits faisceaux aux poutres de leur plafond. La carotte, le navet, le chou, se conservent ainsi. On n'opère alors le nettoyage qu'au moment où l'on veut faire le semis.

L'essentiel, je vous le répète, est de préserver la semence de l'humidité qui la fait pourrir, de la trop grande chaleur qui détruit les facultés germinatives, et du froid qui pourrait nuire à quelques espèces délicates.

Étiquettes. — Surtout, ne négligez pas d'étiqueter : sans cette précaution, indispensable, entendez-vous, mes enfants, tout ne serait que confusion dans les cultures.

L'étiquette doit faire connaître le nom d'espèce, le nom de variété, la couleur et l'année de la récolte. Cette dernière indication est, sans contredit, la plus essentielle, car toutes les graines ne conservent pas pendant le même espace de temps leur puissance germinative. Les unes peuvent être gardées pendant plusieurs années, tandis que le autres doivent être semées au printemps qui suit leur récolte ou même aussitôt qu'elles sont mûres.

Durée de la puissance germinative de quelques plantes de potager. — Voici, du reste, un petit tableau indicatif de la durée germinative des plantes le plus généralement cultivées dans le jardin potager :

Asperge, 2 ans.	Mâche, 3 ans.
Aubergine, 2 ou 3 ans.	Navet, 2 ans.
Betterave, 2 ans.	Oignon, 3 ans.
Carotte, 2 ou 3 ans.	Oseille, 2 à 4 ans.
Céleri, 3 ou 4 ans.	Panais, 2 ans.
Cerfeuil, 2 ans.	Persil, 4 ou 5 ans.
Chicorée, 4 ou 5 ans.	Poireau, 2 ans.
Chou, 3 ou 4 ans.	Poirée, 8 à 10 ans.
Citrouille, 7 ou 8 ans.	Pois verts, 2 ans.
Concombre, 7 ou 8 ans.	Pourpier, 4 ou 5 ans.
Épinards, 2 ou 3 ans.	Raves, 2 ou 3 ans.
Fève de marais, 2 ans.	Radis, 2 ou 3 ans.
Haricots, 2 ans.	Salsifis, 1 an.
Laitue, 2 ou 3 ans.	Scorsonère, 2 ans.
Melon, 7 ou 8 ans.	Tomates, 3 ans.

Les vieilles graines lèvent beaucoup plus difficilement que les jeunes, aussi arrive-t-il souvent que les jardiniers sans expérience, fatigués d'attendre, bouleversent un semis qui aurait pu leur donner de beaux plants s'ils avaient eu la patience d'attendre quelques jours de plus.

DOUZIÈME LEÇON

TRANSPLANTATION ET REPIQUAGE.

Transplantation. — La plupart des plants obtenus par les semis à la volée sont destinés à être transplantés. Pour opérer cette transplantation, on arrose convenablement le terrain, afin de rendre la terre humide, ce qui permet d'enlever le plant avec toutes ses racines.

Pour la transplantation des plantes fibreuses ou chevelues, on a l'habitude de raccourcir, à l'aide d'un instrument tranchant, l'extrémité des racines et la partie supérieure des feuilles, en se gardant bien, toutefois, d'endommager l'œil de la plante. Cette opération a pour but de rétablir l'équilibre et de ralentir l'évaporation des organes extérieurs, qui ne serait plus en rapport avec le travail intérieur des organes souterrains.

Repiquage. — Le sol sur lequel on veut faire le repiquage doit être humide; il faut avoir soin de l'arroser quelques heures auparavant s'il est trop sec, et de le rayonner pour que la plantation soit régulière.

Il faut repiquer le soir ou par un temps couvert, afin que le plant ne soit pas fatigué par la chaleur. On se sert alors d'une fiche ou plantoir en bois (grav. 23), avec lequel on fait un trou de 8 ou 10 centimètres de profondeur : on y place une plante, puis on presse la terre avec le bout du plantoir pour opérer le scellement. Ce scellement est de la plus haute importance ; il empêche l'air et la chaleur de pénétrer jusqu'aux racines et de les dessécher.

Grav. 23. — Plantoir en bois.

Ces notions générales et préliminaires vous suffiront, je pense, pour guider vos premiers pas dans la carrière si large et si variée des cultures potagères. Néanmoins je vais terminer ce petit cours élémentaire par la nomenclature des légumes les plus usuels, avec l'indication de leurs diverses espèces, de leurs variétés, et des moyens le plus ordinairement employés pour leur culture.

CHAPITRE V

LÉGUMES RUSTIQUES DE PREMIÈRE NÉCESSITÉ

TREIZIÈME LEÇON

CHOU. — CAROTTE. — NAVET. — BETTERAVE. — POIRÉE. — POIREAU. — OIGNON. — HARICOT. — POIS. — FÈVE. — POMME DE TERRE.

Chou. — Henri IV voulut que chacun de ses sujets pût mettre la poule au pot tous les dimanches; il avait, ce me semble, oublié quelque chose. Si j'étais roi, je voudrais que chaque laboureur pût ajouter force choux, carottes et navets; et, pour cela aussi, je voudrais que, non loin de son habitation champêtre, il eût un modeste jardin, planté, cultivé par ses mains ou celles de ses enfants.

Le chou n'est-il pas, en effet, la base de l'alimentation du pauvre? ne s'allie-t-il pas merveilleusement à tous les mets préparés par la ménagère? Il faut donc le cultiver de manière qu'on puisse le trouver en tout temps dans le jardin de la ferme. Ne serait-il pas honteux, pour un habitant des campagnes, d'aller chercher aux marchés de nos villes cet objet de première nécessité, et de devenir ainsi le consommateur quand il devrait être le producteur?

Enfin, mes enfants, il faut bien que nos pères aient trouvé quelque plaisir à cultiver ce beau, cet excellent légume, car, vous le savez, quand, fatigué de travaux sérieux et pénibles, un homme désire vivre loin du tumulte des villes et libre de tout souci, il dit : « Je vais planter mes choux. » Il exprime par ces mots qu'il s'en va vivre heureux et content dans un petit coin de terre, objet de tous ses soins, de toutes ses affections.

RACES PRINCIPALES DE CHOUX. — Le chou est une plante indigène, ou du moins son type se trouve à l'état sauvage sur divers points de la France. Il y a bien longtemps qu'il a été cultivé, amélioré, car les Romains en connaissaient déjà plusieurs variétés. Il appartient à la famille des *crucifères*, et dure deux ou trois ans; on en distingue plusieurs races principales :

1° Les *choux verts* ou *sans pomme* ;

2° Les *choux cabus* ou *pommés*, à feuilles lisses;

3° Les *choux de Milan*, à pomme très-serrée, à feuilles frisées d'un vert foncé ;

4° Les *choux à jets*, dits *choux de Bruxelles;*

5° Les *choux-raves* ou *choux-boules;*

6° Enfin, les *choux-fleurs* ou *brocolis*, dont on mange les fleurs, qui, réunies en paquets très-serrés, forment avant leur épanouissement une tête plus ou moins grosse, d'un blanc de lait et d'un goût très-agréable.

SEMIS. — *Chou d'automne, chou d'été, chou d'avent.* — Le chou se mange en toute saison; on le sème, par conséquent, à plusieurs époques.

Le *chou d'automne* se sème en mars et avril, se plante fin juillet et premiers jours d'août; il se mange fin octobre et jours suivants.

Le *chou d'été* ou *de printemps* se sème en août, se repique en octobre, en pépinière, se plante en mars et se mange en juin.

Souvent, au lieu de repiquer en pépinière, on met en place, au mois de novembre, ce même plant, qui peut alors être consommé dès la fin d'avril et dans le courant de mai; c'est ce qu'on appelle le *chou d'Avent*.

Les meilleures variétés sont :

Pour le chou d'automne : le *Milan* ou *pancalier*, le *petit Milan à pied court*, le *pancalier de Touraine*, le *chou frisé du Cap*, le *chou cabus* ou *chou pomme ;*

Pour le chou d'été : le *nantais ;*

Pour le chou d'Avent : le *joannet*, le *nantais*, le *gros* et le *petit d'York*, le *pain de sucre* ou *cœur de bœuf*, le *poméranie*.

Le *chou vert sans pomme*, qui, dans certains pays, se cultive en grand pour les bestiaux, se plante à la Saint-Jean, et peut servir à faire d'excellents potages dans les mois de février et de mars, lorsque les choux d'Avent ne sont pas encore bons.

Tous les choux aiment une terre un peu forte, bien labourée et bien fumée; on les plante toujours en échiquier, assez loin les uns des autres pour qu'ils puissent se développer à l'aise. Ainsi les *gros Milan* doivent être mis à 80 centimètres, tandis que le *joannet*, le *nantais*, le *petit d'York*, peuvent être rapprochés jusqu'à 50 centimètres.

Si, lorsqu'on plante des choux, on peut mettre à chaque pied une poignée de noir animal ou quelques pincées de guano, la végétation devient magnifique et les résultats sont très-avantageux.

Pendant l'été les arrosements fréquents sont indispensables pour obtenir une pomme tendre et d'un beau volume.

Les *choux-fleurs* sont plus délicats; on les divise en trois séries : 1° *choux-fleurs tendres* ou *d'été;* 2° *demi-durs* ou *d'automne;* 3° *durs* ou *d'hiver*. Les premiers se sèment sur couches dès les premiers jours du printemps et se plantent en mai, pour être mangés en juillet ou août. Les seconds se sèment en avril, se plantent en juillet, pour être récoltés en octobre. Les troisièmes se sèment en mai, se plantent en août, passent l'hiver et donnent leurs fleurs en mars et avril. Les deux premières espèces demandent beaucoup d'eau et de fréquents binages.

Les *choux à jets*, dits *choux de Bruxelles*, se sèment en mars et avril; on les met en place depuis le mois de juillet jusqu'au mois de septembre. Les premiers plantés se mangent fin septembre; les autres donnent, en novembre, et quelquefois pendant tout l'hiver, leurs petites pommes grosses comme des noix, qui naissent à l'aisselle des grandes feuilles et se reproduisent même plusieurs fois, quand on les coupe avec précaution.

Les *choux-raves* ou *choux-boules* (grav. 24) se sèment en avril et se plantent fin juillet. On mange la boule ou renflement qui se forme au-dessus du collet et hors de terre. Ce légume peut remplacer le navet.

Grav. 24. — Chou-rave, ou Chou-boule.

Graine. — Pour avoir la graine des choux, on laisse monter sur place les choux verts ou sans pomme, qui fleurissent en mai et produisent de nombreuses siliques que l'on récolte en juillet.

Quant aux espèces à pommes, il est nécessaire de couper

la pomme au-dessus des premières feuilles : il se manifeste alors un grand nombre de rejetons qui fleurissent et produisent la graine; on la récolte à mesure que les siliques deviennent jaunes et avant qu'elles se soient entièrement desséchées.

Carotte. — Plante indigène, bisannuelle (grav. 25), de la

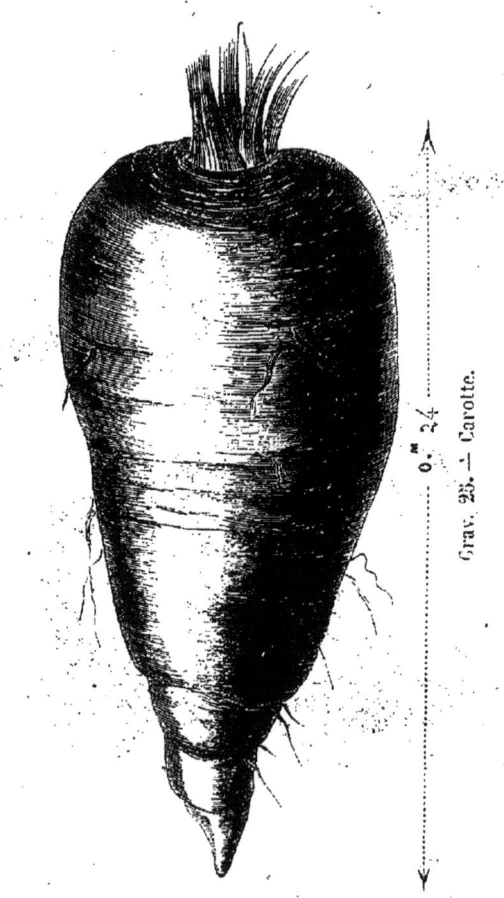

Grav. 25. — Carotte.

famille des *ombellifères;* elle croît spontanément en France dans les prés secs et sur les pelouses arides. On l'a beaucoup améliorée par la culture; elle a besoin, comme toutes les plantes pivotantes, d'une terre douce, profonde, bien ameublie et bien fumée. Je dois ajouter que, quand je dis bien fumée, je n'entends pas une fumure récente : il faut que le terrain ait été fumé et préparé six mois au moins à l'avance.

Semis. — La carotte se sème en rayons; puis, lorsqu'elle est levée, on éclaircit le plant pour qu'il puisse se développer à l'aise.

Quelques personnes transplantent les carottes; mais je ne puis conseiller l'emploi de cette méthode, parce que, dans ce cas, elles prennent toujours peu de développement et deviennent souvent fourchues.

La carotte se sème au printemps, et se mange à l'automne; quand viennent les gelées, on l'arrache pour la conserver dans des celliers ou dans des caves, en la mettant en tas et en la recouvrant de sable.

On sème aussi au mois d'août et on laisse en place pendant l'hiver; les carottes ainsi cultivées se mangent au printemps et sont ordinairement plus tendres que celles qui ont été arrachées à l'automne et conservées dans le sable.

Enfin, on sème aussi sur couche, dès les premiers jours de février, les variétés les plus hâtives, qui peuvent être mangées dès les premiers jours de juin.

Les meilleures variétés sont :

Pour les semis de printemps : la *rouge longue*, la *rouge demi-longue*, dite *carotte à jus;*

Pour les semis d'août : la *rouge courte de Hollande*, la *jaune courte;*

Pour les semis sur couche : la *rouge très-courte* dite *toupie.*

On cultive aussi pour les bestiaux la *blanche des Vosges* et la *blanche à collet vert.*

Graine. — Pour se procurer la graine de carotte, on choisit, au printemps, parmi celles qu'on a conservées pendant l'hiver, les plus belles et les mieux faites; on les plante dans une terre bien préparée, en ayant soin de les éloigner le plus possible des prés et autres lieux où naissent spontanément les carottes sauvages. Si on néglige cette précaution, la graine produira très-certainement des carottes plus ou moins dégénérées.

Les porte-graines, ainsi plantés, fleurissent vers le mois de juin, et vous pourrez récolter les ombelles vers le milieu d'août.

Navet. — Plante bisannuelle, indigène, de la famille des *crucifères*, fort anciennement connue dans la culture potagère; elle est aussi généralement recherchée à cause de sa culture facile et de son agréable saveur.

Semis. — On peut semer les navets en deux saisons : au printemps et à la fin de l'été.

Au printemps, on sème à la volée, et dans un terrain préparé avec soin, des variétés hâtives, telles que le *navet des sablons* ou le *navet des vertus;* il faut les arroser s'il survient des chaleurs; on les mange pendant l'été.

Les semis de fin d'été se font de la mi-juillet à la mi-août. Il faut tâcher de profiter du moment où la terre est rafraîchie par un orage ou par une pluie douce et bienfaisante. Les navets ainsi semés se mangent en novembre et jusqu'en février. Les meilleures espèces sont : le *gros long d'Alsace*, le *noir*

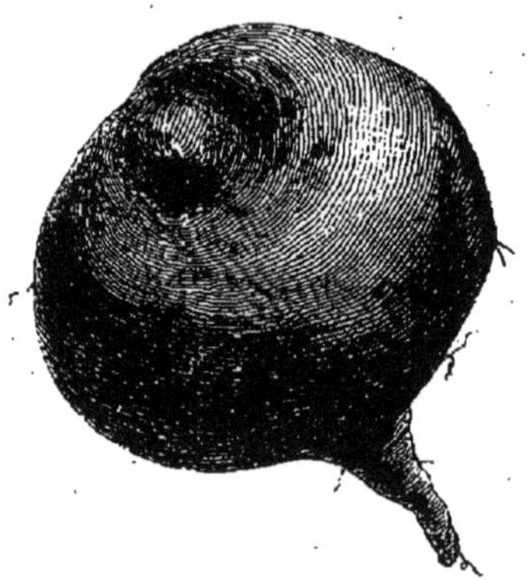

Grav. 26. — Navet boule d'or.

d'Alsace, le *gris de Morigny*, le *turnep de Hollande*, le *jaune d'Écosse*, le *navet boule d'or* (grav. 26).

Grav. 27. — Turnep ou Rave du Limousin.

On ne sème pas seulement les navets dans les jardins potagers; ils sont fréquemment cultivés en grand pour la nourriture des bœufs, des vaches et des moutons. Quand ils sont destinés à cet usage, on les sème en plein champ, même après la récolte des céréales, en ayant soin de nettoyer le terrain avant le semis et de herser ensuite pour couvrir la graine.

Dans le Bocage vendéen, le navet se sème sur les guérêts, après un blé et comme culture sarclée. On emploie beaucoup, pour cet usage, le *turnep* ou *rave du Limousin* (grav. 27).

Graine. — On se procure de la graine de navet en plantant, au printemps, les plus beaux sujets qu'on a conservés l'hiver, et, comme pour les carottes, on les éloigne le plus possible des lieux où naissent les navets sauvages, appelés vulgairement *rifles* ou *navettes*.

Betterave (grav. 28). — Racine pivotante, comme la carotte et le navet, originaire de l'Europe méridionale, famille des *chénopodées*. Cet excellent légume, d'un goût savoureux et sucré, se mange cuit, soit en salade, soit en friture, soit enfin accommodé avec du beurre et du lait. La culture en est facile.

Semis. — La betterave se sème le plus ordinairement en rayons, depuis la mi-mars jusqu'en mai. On éclaircit en juin, puis on laisse sur place et on récolte les racines à la fin d'octobre, pour les serrer dans un endroit sec, à l'abri de la gelée. Il ne faut pas oublier de couper les feuilles. Une terre douce, profonde et bien labourée est la plus convenable. La betterave réussit néanmoins dans un sol léger, pourvu qu'il ait été fumé l'année précédente. Si l'on ne pouvait fumer le terrain qu'au moment de la semer, il faudrait n'employer que du fumier bien consommé.

Les variétés le plus généralement cultivées, comme légumes comestibles, sont : la *négresse* ou *grosse rouge ordinaire*, la *grosse crapaudine*, la *petite crapaudine* ou *rouge de Castelnaudary*.

En agriculture, on cultive aussi, pour la nourriture des bes-

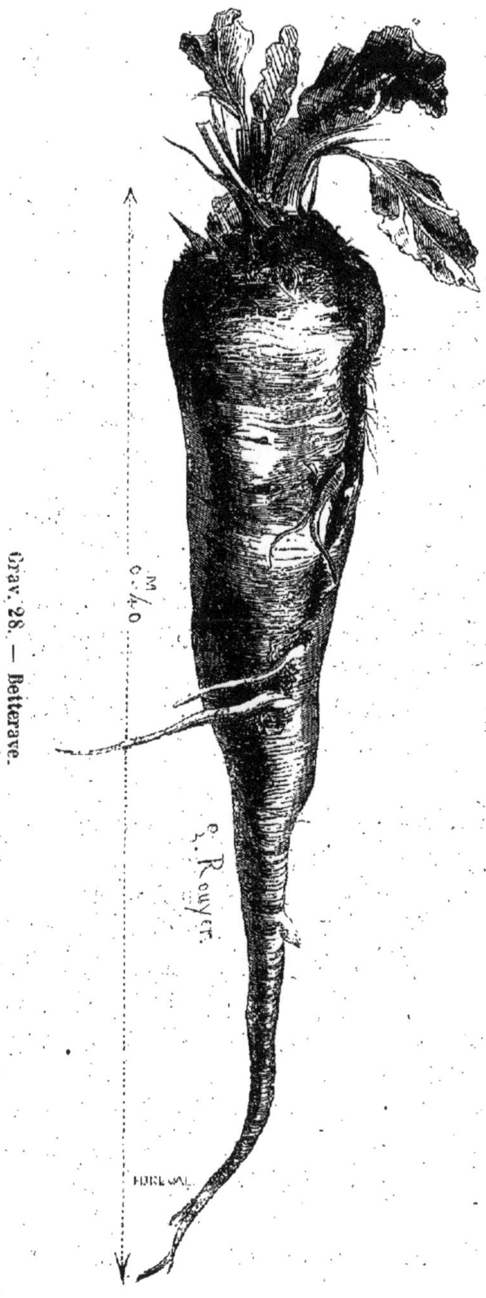

Grav. 28. — Betterave.

tiaux, la *betterave champêtre*, et, pour la fabrication du sucre, la *jaune d'Allemagne* et la *blanche de Prusse*.

Pour ce qui est de la grande culture, on sème à la volée, et l'on repique en place dans une terre convenablement préparée.

GRAINE. — On se procure la graine en plantant, au printemps, les racines qu'on a conservées pendant l'hiver, et qui montent dès les premières chaleurs pour donner leur semence, qui se récolte fin août.

Poirée ou Bette d'Europe. — Plante bisannuelle, de la famille des *chénopodées*. Les feuilles de cette plante servent à corriger l'acidité de l'oseille; on peut aussi faire bouillir les nervures médianes de ces feuilles et les manger à la sauce blanche.

SEMIS. — On sème la poirée depuis mai jusqu'en août. On peut laisser sur place en éclaircissant, de manière que les pieds se trouvent à 25 centimètres les uns des autres; on peut aussi repiquer à la même distance. On mange les feuilles tout l'hiver, et jusqu'en avril.

GRAINE. — Au printemps, on garde quelques pieds, qui montent et donnent de la semence, que l'on récolte vers la fin de juillet.

Porreau ou Poireau. — Plante bisannuelle, originaire de la Suisse, de la famille des *liliacées;* elle a besoin d'une terre substantielle et bien amendée avec du fumier de cheval ou de mouton. Le marc de raisin, la cendre de lessive, le noir animal, le guano, activent singulièrement sa végétation.

On connaît deux variétés principales: le *porreau vert* et le *jaune*. Ce dernier est plus gros, mais il est moins tendre et moins savoureux que le précédent.

SEMIS ET GRAINE. — Le poireau se sème à la volée dès la fin de mars et se plante en rayons depuis la fin de mai jusqu'à la mi-juillet. On le bine plusieurs fois avant l'automne, et, dès le mois de septembre, on commence à le manger jusqu'à la mi-mars, époque à laquelle il monte et produit la graine.

Oignon (grav. 29). — Plante bulbeuse, de la famille des *liliacées*, annuelle ou bisannuelle, selon le mode de culture auquel on la soumet; légume excellent, très-recherché, très-sain, indispensable à la cuisine du pauvre comme à celle du riche.

L'oignon est un objet de commerce fort important pour les départements de la Vendée et des Deux-Sèvres, qui, chaque année, livrent aux marchands revendeurs des contrées voisines une immense quantité de plants semés et venus sans frais dans les jardins ou même en plein champ.

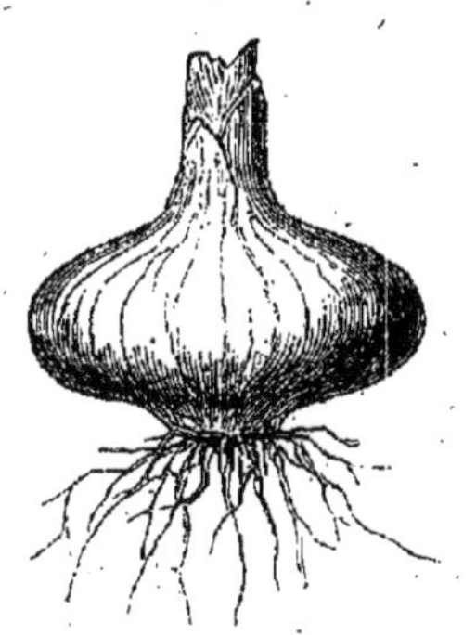
Grav. 29. — Oignon.

SEMIS. — Voici comment se font les semis en grand : on donne à la terre un léger labour, sans amender ni fumer ; les engrais seraient plus nuisibles que profitables. On trace des planches d'un mètre de large, et, dans les derniers jours d'août ou les premiers jours de septembre, on sème un peu dru (environ 500 grammes de graines pour un are); on pique au râteau pour enfoncer la graine; on couvre d'un pailli, puis on bat le terrain avec le dos d'une pelle ou tout autre instrument analogue. Si le temps est trop sec, quelques arrosements sont nécessaires.

Quand les oignons sont levés, il faut les sarcler. Cette besogne n'est pas fort amusante; mais, une fois faite, on ne touche plus aux plants que pour les arracher, les lier en paquets et les livrer aux acheteurs. Cette livraison commence ordinairement en février pour se continuer jusqu'à la fin de mars.

Culture bisannuelle. — Un jardinier qui sème pour sa consommation s'y prend à peu près de la même manière, seulement il ne sème pas aussi épais ; ses oignons sont plus faciles à sarcler, ils grossissent plus vite, et, dès lors, on peut planter de bonne heure, c'est-à-dire dès la mi-janvier, si l'état de la terre et de l'atmosphère le permet. Cette plantation n'est autre chose qu'un repiquage en ligne à 15 centimètres d'intervalle sur des planches labourées et dressées à cet effet; le fumier bien consommé ne nuit pas dans cette circonstance.

L'oignon, ainsi planté, ne réclame, dans le courant de la belle saison, que deux ou trois binages, destinés à le débarrasser des mauvaises herbes ; vers la fin de juillet on peut tordre ses tiges et les coucher sur le terrain pour faire refluer la sève dans les bulbes; au mois d'août on arrache ces bulbes, on les débarrasse de leurs feuilles à moitié desséchées, puis on les étend sur les planches pendant quelques jours. Lorsqu'ils se sont bien ressuyés, on les rentre pour les mettre au grenier ou dans un lieu sec, à l'abri des fortes gelées.

Il est facile de voir que, traité ainsi, l'oignon est une plante bisannuelle, car, semée à l'automne, elle a passé un premier hiver en terre, a conservé pendant le second hiver ses vertus germinatives, et, remise en terre au printemps, elle pousse encore avec force, monte, fleurit, et donne ses graines, qu'on récolte fin juillet et qu'on peut ressemer fin août, après les avoir nettoyées. Ce nettoyage est fort difficile : il faut d'abord battre les têtes, puis les frotter longtemps pour faire sortir la graine de son enveloppe ; enfin il faut, pour les séparer de leur bourre, les plonger dans un vase plein d'eau : la bourre surnage, et la bonne graine gagne le fond du vase ; on décante, et on fait sécher au soleil.

Culture annuelle. — Si, au lieu de semer fin août, on ne sème qu'au printemps, on peut éclaircir le semis et laisser sur place : on obtient alors une fort belle récolte d'oignons de moyenne grosseur très-recherchés par les cuisiniers pour les ragoûts. Si l'on n'éclaircit pas ou si l'on éclaircit peu, les oignons restent très-petits et sont très-propres à être confits dans le vinaigre.

Ces mêmes petits oignons sont très-précieux pour faire ce qu'on appelle l'*oignon de Paris* ou l'*oignon baveux*. On s'y prend de la manière suivante : lors de la récolte, on met de côté les plus petites bulbes, que l'on conserve dans un lieu sec. Vers la mi-février on prépare des planches que l'on ameublit et que l'on fume convenablement pour planter ces petites bulbes, qui, bien binées, suffisamment arrosées, poussent avec vigueur, ne montent pas et donnent vers la fin de mai de gros oignons verts très-tendres et très-savoureux.

VARIÉTÉS.—Les variétés de l'oignon sont nombreuses ; j'indiquerai seulement les plus généralement cultivés dans notre pays.

Pour semis d'automne, je conseille l'*oignon rouge* et l'*oignon jaune* dit *de Niort*, le *blond des vertus* et l'*oignon de Cambrai.*

Pour semis de printemps, l'*oignon blanc hâtif* ou l'*oignon double tige.*

On cultive encore le *gros violet*, le *gros blanc*, l'*oignon d'Espagne*, etc.

Haricot. — Cet excellent légume, de la famille des *papillonacées*, est originaire de l'Inde; ses tiges sont annuelles et ne peuvent supporter la moindre gelée ; aussi, dans la culture ordinaire, on ne le confie à la terre que vers la fin d'avril ou les premiers jours de mai.

SEMIS. — On sème ce légume à la main sur des planches rayonnées ; on peut le recouvrir de 4 à 5 centimètres de terre, et, si le temps est favorable, il lève promptement. Quelques binages sont nécessaires pour détruire les mauvaises herbes ; il faut aussi des arrosements quand le temps est sec, et surtout si l'on a l'intention de le manger en vert.

Dans ce dernier cas, on peut échelonner les semis de quinze en quinze jours jusque vers le milieu d'août, de manière à cueillir les derniers haricots verts depuis octobre jusqu'aux premières gelées blanches.

Pour récolter les grains en sec, il faut nécessairement semer avant la fin de mai ; si on le faisait plus tard, le grain n'aurait pas le temps de mûrir et de se dessécher. On peut semer en plein champ, en traçant un rayon dans lequel on dépose la semence, qu'on recouvre en ouvrant un second rayon, et ainsi de suite.

Lorsque les haricots sont levés, un binage est indispensable; pour ce qui est des arrosements, il serait quelquefois fort difficile d'en donner; il faut laisser ce soin à la Providence.

VARIÉTÉS. — Les variétés de haricots sont très-nombreuses; elles se divisent tout d'abord en deux grandes séries, savoir : les *haricots à tiges volubiles* ou *à rames* et les *haricots à tiges courtes* ou *sans rames*, qu'on appelle aussi *haricots nains*.

Haricots à tiges volubiles. — Les plus généralement cultivés dans la première série sont : le *haricot de Soissons*, à grains blancs; le *haricot sabre*, à grains blancs comprimés; le *haricot de Prague*, ou pois rouge grain rond, rouge violacé, très-productif; enfin, le *haricot d'Alger* ou *haricot beurre*, grain rond, tout noir, excellent et très-précoce.

Toutes les plantes ci-dessus grimpent avec vigueur et s'enroulent aux branches qu'on a eu soin de piquer de distance en distance au bord des planches où elles sont semées.

Haricots à tiges courtes. — Dans la seconde série, nous citerons : le *haricot commun*, à grains blancs; le *flageolet* à grains blancs; le *flageolet* à grains rouges, très-hâtif; le *haricot Suisse*, à grains rouges; ce dernier est très-bon en sec et en vert; on en cultive trois sous-variétés très-estimées, qui sont : le *gris*, le *jaspé* ou *bagnolet*, et le *ventre de biche*, tous également bons en sec et en vert.

Je vous recommande aussi le *haricot diablotin* ou *noir de Belgique*; c'est le plus précoce pour la pleine terre. Ces derniers n'ont pas besoin de supports ou de rames.

CULTURE FORCÉE DES HARICOTS VERTS. — La variété appelée *flageolet* est la meilleure pour cette culture, dont on doit commencer les opérations dès la première semaine de janvier. A cet effet, on construit dans un lieu abrité une bonne couche chaude, qu'on couvre de coffres et de châssis, après avoir mis sur le fumier 15 centimètres de bonne terre franche mélangée avec un quart de terreau. On laisse passer le coup de feu, puis on sème les haricots et on couvre de paillassons pour intercepter la lumière. Au bout de trois ou quatre jours, les haricots sont nés ; on enlève les paillassons, qu'il faut avoir bien soin de remettre tous les soirs et de doubler même s'il fait trop froid.

Au bout de huit jours, les pieds des haricots s'allongent. Il est nécessaire de les chausser avec du terreau jusqu'aux cotylédons et de donner un peu d'air vers le milieu du jour ; puis on garnit le pourtour de la couche, y compris le coffre, d'un réchaud de fumier qu'on renouvelle tous les quinze jours.

Au mois de février les haricots commencent à fleurir ; il faut alors nettoyer souvent et enlever les feuilles mortes. Quant aux arrosements, ils doivent être rares en commençant, plus fréquents à partir de la floraison, mais toujours très-légers, c'est-à-dire qu'on doit seulement bassiner avec la pomme de l'arrosoir et choisir, autant que possible, les jours où le soleil paraît.

Enfin, si l'on n'éprouve dans les cultures ni accidents ni retards, on peut cueillir des haricots dans les premiers jours de mars ; on continue ainsi jusqu'à l'épuisement des pieds, qui jaunissent et finissent par périr sur la couche.

Pois. — Le pois cultivé est originaire du midi de l'Europe et appartient à la famille des *papillonacées*. On en connaît un assez grand nombre de variétés ; mais on n'en cultive généralement que trois ou quatre. Le pois *michaux* est certainement le plus répandu.

Semis. — Il se sème au mois de novembre, soit en rayons, soit en potelets, à bonne exposition sur des plates-bandes terreautées. Lorsque l'hiver est trop rigoureux, et notamment lorsqu'il tombe de la neige ou du verglas, on couvre avec des paillassons étendus sur des perches. Le froid sec ne fait aucun mal aux pois. A la fin de mars, il faut biner, nettoyer et poser les rames, puis on attend le moment de la récolte, qui varie, suivant l'état de l'atmosphère et l'exposition plus ou moins avantageuse, du 1er mai au 1er juin.

On sème aussi au printemps, quelquefois même il arrive que la récolte de ces seconds semis se fait aussitôt que celle des semis de novembre ; cela dépend surtout du temps qu'il fait pendant les mois de mars et avril.

Enfin, pour cueillir des pois pendant l'été et jusqu'au commencement de l'automne, il faut semer tous les quinze jours jusqu'au mois d'août; les derniers semis donnent leur récolte en octobre. Quelques jardiniers, dans ce cas, sèment de préférence le *pois nain* ou *demi-nain* sans rames, le pois *prince Albert* et le pois *ridé*.

Soins divers; graine. — Inutile d'ajouter que, pour ces cultures d'été, il faut des arrosements et de fréquents binages de propreté.

Quand on laisse mûrir les pois, on peut les conserver en sec et les manger en purée; dans tous les cas, il faut en récolter une certaine quantité pour avoir de la graine.

Fève. — Plante rustique, de la famille des *papillonacées*. On la cultive en grand dans les marais de la Vendée.

Il est bon d'en avoir dans le jardin potager : ses gousses tendres, l'extrémité même de sa tige, sont assez recherchées pour mettre dans la soupe.

Semis. — La fève se sème au mois de novembre en terre bien préparée; on la sème aussi au printemps.

Graine. — On en laisse sécher sur pied pour récolter le grain, qui se mange en sec, et surtout pour se réserver de la semence.

Variétés. — Comme variétés, je vous indiquerai : la *grande blanche*, la *petite blanche*, la *violette*, la *naine*, la *verte*.

Pomme de terre (grav. 30). — Chaque fois que vous mangez une pomme de terre, mes amis, rappelez-vous que nos ancêtres, un peu trop méfiants et surtout trop attachés à la routine, refusèrent durant plus d'un siècle d'accepter ce présent du ciel, cette seconde manne offerte par le bon Dieu pour nourrir le pauvre et consoler le laboureur quand ses épis sont stériles.

Il fallut un apôtre pour prêcher aux hommes la pomme de terre. Cet apôtre, qui s'appelait Parmentier, fut obligé de lutter pendant plusieurs années contre les résistances de toutes sortes, contre l'injure, le sarcasme, la calomnie. Il employa la ruse, profita de toutes les circonstances, et ce fut la disette de 1785 qui l'aida surtout à convertir le peuple récalcitrant et entêté.

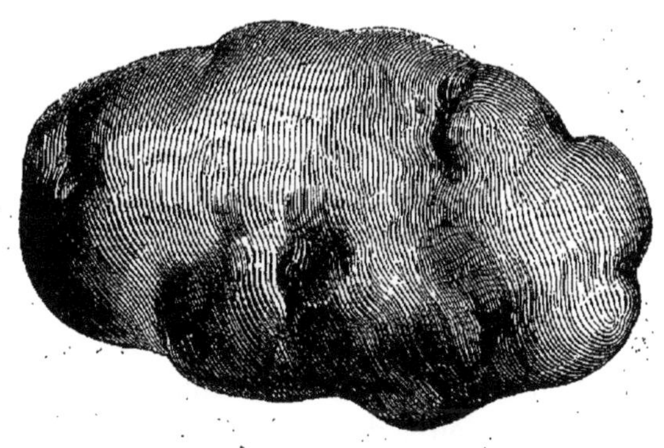

Grav. 30. — Pomme de terre.

Écoutez, du reste; je vais vous raconter en peu de mots cette histoire.

Histoire de la pomme de terre. — La pomme de terre appartient à la famille des *solanées*, aussi lui donne-t-on souvent le nom de *solanum tuberosum* ou de *morelle tubéreuse*. Elle est originaire des contrées intertropicales de l'Amérique; elle croît au Chili, au Pérou, et c'est de là qu'elle fut importée, vers la fin du seizième siècle, c'est-à-dire il y a près de trois cents ans, dans la province de Bétanzos en Gallicie. Par qui? je ne saurais vous le dire; ce qu'il y a de sûr, c'est qu'elle s'acclimata si bien, qu'elle devint indigène, et qu'on la trouve encore dans cette contrée de l'Espagne, où elle naît spontanément au milieu des vignes et sur les bords de la mer. C'est pourquoi, je pense, on l'appelle aussi *châtaigne de mer*.

En 1585, un certain Raleigh la prit en Flandre pour la porter en Angleterre; l'Italie et le nord de la France cultivaient déjà ce précieux tubercule, mais seulement comme plante rare et curieuse.

En 1588, l'Écluse d'Arras publia un livre sur la pomme de terre et sollicita l'attention du gouvernement; on se moqua de lui. Plus tard, vers 1592, Gaspard Bauhin parvint à l'introduire en Suisse, aux environs de Lyon et dans les montagnes des Vosges. Ces essais n'eurent aucun succès : les routiniers firent une opposition systématique; on alla jusqu'à prétendre que cette plante donnait la lèpre.

Pendant plus d'un siècle, comme je l'ai déjà dit, on refusa de croire aux excellentes qualités de la pomme de terre. Cependant, vers 1783, elle se fit jour dans les cultures du nord de la France; Parmentier se mit à la tête du mouvement : il brava les préjugés, combattit les erreurs, méprisa les injures et les railleries qu'on lui prodiguait. On ne craignit pas de dire que le *solanum tuberosum* était un poison violent. Il fallut encore démontrer la fausseté de cette coupable assertion; il supplia quelques propriétaires de vouloir bien le semer dans leurs jardins; il obtint qu'on en servît sur la table du roi, et, fort de l'appui du monarque, il eut recours au stratagème que voici :

Des plantations en grand ayant été faites par ses soins dans la plaine des Sablons, près de Paris, il demanda qu'on fît garder par des soldats cette précieuse récolte; toutefois il recommanda aux sentinelles de s'éloigner pendant la nuit et de aisser le champ libre aux maraudeurs, que l'attrait si puissant du fruit défendu ne manquerait pas d'attirer. Cette innocente ruse eut un plein succès : on s'approcha d'abord avec crainte; puis, voyant les gardiens en défaut, on vola quelques tubercules; on revint, on en prit encore, tout le monde voulut en posséder. Chacun les emporta, les cultiva secrètement, et pourtant, malgré ce pillage, la récolte fut magnifique.

Parmentier triomphait déjà lorsque les calamités de 1785, si funestes aux céréales, vinrent achever sa victoire. L'œuvre du courageux agronome était accomplie, la pomme de terre n'eut plus que des admirateurs, et le peuple reconnaissant lui donna le nom de *parmentière*.

Que de services n'a-t-elle pas rendus depuis cette époque! En 1793, en 1816, en 1817, elle a sauvé la France des horreurs de la famine : on dépavait les cours, on labourait les allées des jardins publics pour y planter des pommes de terre.

De nos jours, enfin, elle occupe le premier rang parmi les aliments les plus sains, les plus savoureux, les plus certains, du pauvre et du riche.

Ce récit, mes enfants, contient pour vous une utile leçon. Quand, plus tard, vous serez à la tête de vos propriétés ou de vos fermes, n'imitez pas la résistance, l'esprit de routine des temps passés. Soyez prudents; mais ne rejetez pas sans les connaître les plantes nouvelles, les instruments perfectionnés, les machines inventées pour abréger ou faciliter votre travail. Suivez les bons exemples, essayez vous-mêmes, rappelez-vous les travaux de l'école, servez-vous de votre instruction : on n'est jamais trop habile pour faire de l'agriculture; il arrive plus souvent qu'on ne l'est pas assez.

N'oubliez pas surtout que l'homme est fait pour rechercher, connaître, utiliser à son profit les créatures innombrables dont il est entouré; mais que le Très-Haut lui a donné la science afin d'être adoré dans ses merveilles[1].

Culture. — J'ai peu de mots à ajouter maintenant pour indiquer la manière de cultiver la pomme de terre.

Pour la planter en plein champ, on bêche la terre pendant l'hiver; vers le mois de mars on dépose dans le fond du sillon les pommes de terre entières ou coupées en morceaux, et on les recouvre; dans les premiers jours de mai, lorsqu'elles ont déjà poussé de 12 à 15 centimètres hors de terre, on les chausse, soit à la main, soit avec une petite charrue attelée d'un seul cheval, et appelée pour cette raison la *houe à cheval;* plus tard on peut leur donner une seconde façon, et au mois

[1] *Ecclésiast.*, XXXVIII., 6.

de septembre on les arrache pour les mettre à l'abri et les conserver pendant l'hiver.

La culture en petit, soit dans un verger, soit dans un carré de jardin, est absolument la même; mais on peut avancer ou retarder l'époque de la récolte en modifiant l'époque des plantations, ou bien en employant des variétés plus hâtives ou plus tardives.

On comprend, allez-vous dire peut-être, l'intérêt qu'on peut avoir à hâter la récolte; mais pourquoi la retarder? Parce qu'il est fort utile d'avoir des pommes de terre tardives pour l'hiver : elles se conservent plus fraîches et ne poussent pas aussi vite que les primes; on recherche même une certaine variété que l'on appelle *paresseuse*, parce que sa végétation ne se réveille que vers le milieu du printemps.

Culture de quelques variétés hâtives. — Pour obtenir des pommes de terre hâtives, il faut planter à la fin de janvier, et couvrir un peu plus pour éviter les fâcheux effets des gelées tardives. On emploie pour cette plantation la variété jaune de Hollande dite *pomme de terre prime*, ou bien encore la variété rouge dite *corne de bique*. Quelques personnes recommandent aussi la *truffe d'août*, excellente variété, très-savoureuse et très-productive.

La *marjolin* est une autre variété hâtive qu'on plante au mois de novembre; on la couvre de 18 à 20 centimètres de terre, puis on ajoute une couche de fumier neuf. Dès la fin de janvier on enlève d'abord le fumier, et, si le temps est beau, on dégarnit en enlevant la terre de manière à ne laisser sur l'œil de la pomme de terre qu'une épaisseur de 5 ou 6 centimètres. Lorsqu'elle est sortie et que les feuilles commencent à se développer, on chausse; on chausse encore lorsque les tiges ont pris tout leur développement. On obtient par ce moyen des tubercules mangeables vers la mi-avril : et, remarquez-le bien, il est inutile pour cela d'arracher le pied comme on le fait ordinairement. Il suffit de dégarnir, de fouiller un peu, de prendre quelques tubercules et de rapprocher avec soin la terre déplacée. On peut renouveler cette opération tous les sept ou huit jours jusqu'à ce que la plante soit épuisée.

Culture forcée sous châssis. — On force aussi les pommes de terre sous châssis : pour cela, on fait au mois de novembre des couches tièdes qu'on recouvre de 20 centimètres de terreau, de coffres et de panneaux. On plante les tubercules dans le terreau à 25 centimètres les uns des autres, on entoure les couches de réchauds, et on couvre de paillassons pendant les gelées. Le plus ordinairement on obtient des tubercules au commencement de mars.

La *marjolin* et le petit *cornichon jaune* de Hollande se prêtent fort bien à ce dernier genre de culture.

Semis. — Pour être complet sur cet intéressant sujet, je dois dire que la pomme de terre se reproduit parfaitement de semis. On retire des boules vertes qui succèdent aux fleurs une assez grande quantité de petites graines qui, semées au printemps en terre bien ameublie, produisent, dès la première année, de petits tubercules gros comme une noix ; ces tubercules, plantés eux-mêmes l'année suivante, donnent naissance à des plantes vigoureuses et très-productives.

Il serait peut-être opportun d'employer plus souvent ce mode de multiplication. La pomme de terre, qui, depuis bien longtemps, n'est reproduite que par des tubercules ou même des morceaux de tubercules, a dû nécessairement dégénérer; les semis, je n'en doute pas, seraient un moyen puissant pour régénérer l'espèce.

CHAPITRE VI

SALADES ET FOURNITURES DE CUISINE

QUATORZIÈME LEÇON

LAITUE. — CHICORÉE. — ESCAROLE. — POURPIER. — MACHE. — OSEILLE. — CERFEUIL. — PERSIL. — CIBOULE. — CIBOULETTE. — ÉCHALOTE. — AIL. — ESTRAGON. — BASILIC. — THYM. — PIMENT. — CAPUCINES.

Laitue. — Cette plante appartient à la famille des *composées;* elle est originaire d'Asie.

Elle se divise d'abord en deux groupes ou espèces : les *pommées*, et les *romaines* ou *chicons*. Les premières sont toujours arrondies et forment une pomme très-serrée; les secondes sont allongées et moins serrées que les précédentes; on est souvent obligé de les lier pour les faire pommer et blanchir.

Ces deux espèces se divisent elles-mêmes en variétés; la culture est assez simple et peut se continuer toute l'année par des semis et des repiquages successifs. Il faut une terre légère, bien fumée, beaucoup d'eau, pour les cultures d'été; une bonne exposition ou des abris pour les cultures d'hiver.

LAITUES D'ÉTÉ. — On commence à semer cette laitue dès la fin de mars, et on continue, comme il a été dit plus haut, de quinze jours en quinze jours pendant toute la saison. Lorsque le plant est suffisamment développé, on le repique en planches à 30 centimètres environ, puis on arrose immédiatement pour favoriser la reprise.

Les principales variétés sont :

La *laitue Dauphine*, légèrement teintée de pourpre;

La *laitue blanche d'été*, très-grosse et très-bonne;

La *laitue maraîchère*, beaucoup plus forte dans toutes ses parties, d'un vert plus foncé ; il lui faut beaucoup d'eau.

Laitues d'hiver. — On sème ces laitues dans la première quinzaine d'octobre, on les repique en place à la mi-novembre sur des plates-bandes au midi, le long d'un mur ou sur des côtières abritées; elles passent l'hiver sans végéter, mais au printemps elles se développent rapidement et se mangent depuis la mi-mars jusqu'à la fin d'avril.

Les principales variétés sont :

La *laitue de la Passion* ;

La *laitue rustique d'hiver*, magnifique et très-précoce ;

Enfin la *laitue Batavia* ou *Silésie*, à feuilles ondulées et d'un vert foncé, nuancé de pourpre.

Deux variétés se cultivent également pour être mangées dans le courant de l'hiver; ce sont : la *laitue gotte* et la *laitue crêpe*. On les sème fin septembre; on les plante à la mi-novembre sur de vieilles couches, et on les recouvre de cloches ou mieux encore d'un coffre et d'un châssis. Ces deux variétés ont cela de remarquable, qu'elles ne s'étiolent pas sous verre, qu'elles pomment facilement et promptement, puisque, plantées en novembre, elles peuvent, si on leur donne les soins convenables, être mangées en janvier.

Laitues romaines ou Chicons. — Cette espèce de laitue ne se cultive guère que l'été, on la sème au printemps et on la plante sur planches à 0m.35 au moins l'une de l'autre.

Quelques variétés pomment d'elles-mêmes ; mais le plus ordinairement on les lie avec des joncs lorsqu'elles ont acquis tout leur développement, afin d'obtenir une pomme plus blanche et plus serrée.

Les trois variétés principales sont :

Le *chicon blanc maraîcher*, très-tendre et très-précoce ;

Le *chicon rouge*, plus rustique et plus tardif ;

Le *chicon de la madelaine*, blanc lavé de rose, excellente variété, très-lente à monter.

Graine. — Toutes les laitues, lorsqu'elles sont laissées sur place, montent à graine dans le courant de l'été. La graine est mûre lorsqu'à la place de la fleur on aperçoit de petites aigrettes plumeuses. Il faut alors la récolter et la mettre à l'abri, parce que les oiseaux en sont très-friands.

Chicorée. — La chicorée est une plante annuelle de la famille des *composées ;* on la mange ordinairement en salade, mais on la sert aussi, bouillie, sous les fricandeaux ou sous la volaille.

VARIÉTÉS. — On en connaît plusieurs espèces et un grand nombre de variétés.

La chicorée d'*Italie* et celle dite de *Meaux* se sèment sur couche, sans châssis ni cloches, depuis mars jusqu'en mai. Lorsque le plant est assez fort, on le repique en planches dans une terre légère et bien labourée ; pendant l'été on peut semer à mi-ombre sur du terreau; je dis sur du terreau, car, en terre ordinaire, la graine de chicorée lève difficilement. Lorsqu'elle est en place, il faut l'arroser souvent, et, quand elle a pris tout son développement, on rassemble les feuilles avec la main et on les lie avec un jonc. Cette opération a pour but de faire blanchir le cœur de la plante.

La chicorée *fine d'hiver*, dite chicorée *mousse*, se sème en août et se plante fin septembre; elle est petite, très-fine et très-frisée; on ne la lie pas, il faut seulement la couvrir, pendant les grands froids, avec des feuilles mortes ou de la litière sèche.

GRAINE. — La graine de chicorée est assez difficile à récolter; il faut la battre et la frotter deux ou trois fois pour la détacher.

Les porte-graines se conservent sur place pour la chicorée d'été, et se plantent au printemps, dans un coin du jardin, pour la chicorée d'hiver.

Chicorée scariole ou escarole. — C'est une espèce à larges feuilles qui se cultive pour être mangée à la fin de l'automne ou pendant l'hiver. Sa culture est absolument la même que celle des chicorées proprement dites.

VARIÉTÉS. — On en connaît trois variétés principales :

La *jaune de Hollande*, très-touffue et plus hâtive que les deux suivantes ; on la sème en juillet, on la plante en août, on la lie dans les premiers jours de septembre, et on la mange jusqu'à la fin d'octobre.

La *verte*, qui se sème fin d'août, se plante en septembre et se conserve soit sur place, en la couvrant de litière, soit dans les caves ou serres à légumes, enterrée dans le sable.

Enfin la scarole *à cornet*, qui se cultive comme la précédente, qui craint encore moins le froid, et qui a l'avantage de former une petite pomme et de blanchir sans couverture.

Pourpier. — Le pourpier est une plante annuelle, originaire de l'Inde, et qui donne son nom à une famille, la famille des *portulacées;* ses tiges et ses feuilles sont grasses, succulentes, et se mangent en salade.

SEMIS. — On sème le pourpier dans une terre fraîche et légère ; la graine est très-fine, et, par conséquent, ne doit pas être couverte. Lorsque le semis est fait, on met un paillis et on bat avec le dos de la pelle pour plomber la terre. Au bout de quinze jours le plant est déjà fort; il faut l'arroser souvent avec la pomme, deux fois par jour au moins, pour qu'il conserve sa couleur jaune, qui est fort estimée. Quand on veut en avoir pendant tout l'été, il faut semer tous les vingt jours ; on commence au mois d'avril et on cesse vers la fin d'août.

Quelques personnes sèment du pourpier sur couche chaude et sous châssis dès le mois de janvier ; elles peuvent, dans ce cas, cueillir ses feuilles en février.

GRAINE. — La graine se récolte sur des pieds qu'on a laissés fleurir au mois de juillet.

Mâche. — Cette petite plante, herbacée annuelle, de la famille des *valérianées*, est indigène. On la trouve dans les champs, dans les prés et surtout dans les enclos qui avoisinent l'habitation.

SEMIS. — Néanmoins, quand on veut la cueillir sans la chercher, et, comme on dit vulgairement, l'avoir sous la main, on peut semer à la volée, depuis la fin d'août jusqu'au commencement d'octobre, sur une terre non labourée, mais seulement nettoyée au râteau : on a le soin de piétiner après avoir semé et de couvrir avec une légère couche de terreau. Bientôt la plante naît, pousse, forme de petites rosettes vertes, que l'on coupe ras terre et que l'on mange en salade pendant tout l'hiver.

Graine. — Pour avoir de la semence, on transplante au printemps quelques pieds dans un coin du jardin ; ils fleurissent et portent graine; mais il faut les arracher dès qu'ils commencent à jaunir, car la graine se détache facilement et se répand sur la terre.

Variétés. — Il y en a deux variétés : celle à feuilles arrondies dite *de Hollande*, et celle à feuilles plus longues, qu'on appelle *Doucette*.

Oseille. — Plante indigène, vivace, de la famille des *polygonées*. L'usage de ses feuilles est fréquent en cuisine; elle se multiplie d'éclats, que l'on plante en bordure le long des passepieds, en laissant entre chaque plante un espace de 25 centimètres, parce que les touffes s'élargissent promptement. La plantation se fait à l'automne; dès le printemps suivant on peut couper les feuilles. Chaque année, vers la fin d'octobre, il est bon de fumer l'oseille avec de la fiente de volaille ou de la cendre de lessive ; ainsi cultivée, elle dure de quatre à cinq ans. Après ce laps de temps, on l'arrache, on sépare les vieux pieds, et on replante autant que possible dans un autre endroit.

Semis. — Dans quelques pays, notamment aux environs de Paris, on sème l'oseille au printemps; on en coupe les feuilles tout l'été et on la détruit à l'automne.

Je sais que des jardiniers fort habiles ont recommandé ce système; mais je ne partage pas leur avis : d'abord parce qu'il faut renouveler les semis chaque année, que ces semis peuvent manquer, et que, dans tous les cas, on est privé d'oseille pendant l'hiver; ensuite parce qu'on ne peut cultiver ainsi que l'oseille commune, tandis que, par la séparation des touffes, on multiplie l'oseille vierge, dont les feuilles sont plus larges et plus tendres, mais qui ne donne pas de graines, ou du moins qui n'en donne que très-rarement et en très-petite quantité.

Cerfeuil. — Plante indigène, annuelle, de la famille des *ombellifères*, qui vient en toute terre, à toute exposition, et demande surtout de fréquents arrosements pendant les chaleurs.

Semis. — Il faut semer le cerfeuil tout l'été de quinzaine en quinzaine, parce qu'il est d'un usage constant et qu'il monte très-vite; néanmoins celui qu'on sème au mois de septembre ne monte qu'au printemps suivant. Ces semis se font à la volée et se couvrent d'un paillis.

La variété à feuilles frisées est plus délicate; mais elle monte moins vite.

Persil. — Plante bisannuelle, de la famille des *ombellifères*, voisine du genre céléri; indispensable dans un jardin, car elle entre comme assaisonnement dans la plupart de nos préparations culinaires.

Semis. — Le persil aime une terre forte, substantielle, bien fumée; on le sème au printemps, soit à la volée, soit en rayons. Il ne lève qu'au bout de trois semaines, et ne monte à graine que la seconde année; le froid ne le fait pas périr; mais, quand il gèle ou que la neige couvre la terre, il est difficile de cueillir ses feuilles. Pour obvier à cet inconvénient, les jardiniers soigneux ont l'habitude de planter à l'automne, sur couche froide et sous châssis, quelques pieds de persil, qui poussent alors malgré les gelées et la neige. Quand on n'a pas de châssis, on peut se contenter de transplanter le long d'un mur bien exposé et de couvrir avec des cloches.

Le persil a, comme le cerfeuil, une variété à feuilles frisées.

Ciboule. — Petit oignon vivace, originaire de Sibérie; on le multiplie par la séparation des touffes épaisses qu'il forme toujours au bout d'un an de plantation. Sa place accoutumée est en bordure le long des passe-pieds; il faut replanter tous les trois ou quatre ans.

La ciboule s'accommode de toutes les terres, de toutes les expositions.

Ciboulette. — Ciboule en miniature, vulgairement appelée *appétit*. Elle est indigène et forme de petites touffes très-serrées ; on peut séparer ses touffes en mars et replanter immédiatement.

La cendre de lessive répandue sur les ciboulettes, pendant l'hiver, fait beaucoup de bien à ce petit végétal, qui, du reste, comme la ciboule, s'accommode de toutes les terres, de toutes les expositions, et peut durer de cinq à six ans sans être changé de place ou renouvelé.

Échalote. — Encore une plante bulbeuse de la famille des *liliacées*, tenant le milieu entre l'oignon et l'ail.

Dans une terre sèche, légère, bien labourée, on trace, au mois de février, des rayons à 20 centimètres les uns des autres, puis on y plante, à 0m,05 de profondeur, un caïeu d'échalote, qui pousse promptement et forme une touffe de nouveaux caïeux que l'on arrache à la fin de l'été pour les conserver pendant l'hiver.

Dans une terre douce, humide, profonde, on plante de même au mois de novembre, en plaçant les caïeux à fleur de terre et en couvrant d'un lit de fumier long. La récolte se fait à peu près à la même époque.

Quand on voit jaunir les feuilles des échalotes avant le temps, on dit qu'elles échauffent; il faut alors se hâter de les dégarnir en mettant les bulbes à découvert : on parvient quelquefois ainsi à arrêter les progrès du mal, qui n'est autre chose que la pourriture.

Ail. — Plante bulbeuse, indigène, de la famille des *liliacées*. On en fait une consommation considérable dans le Midi; mais à Paris il n'est guère employé que comme assaisonnement; du reste, il est sain, quelquefois utile pour augmenter l'activité de l'estomac, et sa vertu vermifuge est incontestable.

L'ail végète partout; cependant une terre légère, bien ameublie, lui convient mieux ; il produit des bulbes énormes dans les sables maritimes de l'Ouest, notamment aux environs de la Tranche, dans le département de la Vendée.

Il est des personnes qui mangent l'ail en vert. Dans beaucoup de pays, il est d'usage de manger une frottée d'ail le premier jour de mai ; ce qu'il y a de certain, c'est que l'ail vert, ainsi frotté sur une tartine de pain légèrement imbibée d'huile d'olive, est, comme je l'ai déjà dit, un excellent spécifique contre les vers des enfants.

Culture. — On le cultive de deux manières.

La première consiste à préparer et dresser des planches sur lesquelles on ouvre, à la fin d'octobre, des rayons de 4 centimètres de profondeur ; on y dépose à 15 centimètres les uns des autres des caïeux que l'on recouvre de terre et d'un bon paillis de fumier de cheval ; ils ne réclament aucun soin, si ce n'est un léger binage au printemps ; puis, au mois de juillet, on les arrache pour les étendre et les laisser sécher à l'ombre pendant quelques jours, après quoi on les réunit en bottes et on les porte au grenier. Ces caïeux, ainsi plantés et cultivés, deviennent des bulbes plus ou moins gros, qui, sous la même enveloppe, réunissent plusieurs caïeux qu'on appelle *gousses*. Qui de vous n'a vu, tenu et frotté sur son pain la gousse d'ail ?

Dans la seconde méthode, on prépare les planches, on rayonne et l'on plante de la même manière ; seulement, au lieu de faire la plantation à la fin de l'automne, on ne la fait qu'au mois de mars. Cette différence n'influe pas sensiblement sur l'époque de la récolte ; mais, dans ce cas, le bulbe est unique et rond : c'est ce qu'on appelle l'*ail de mars*.

Estragon. — Plante appartenant à la famille des *composées*, vivace, aromatique, originaire de Sibérie ; elle se multiplie par l'éclat des pieds, en avril et mai.

On met quelques plants à $0^m,30$ de distance, dans un sol bien labouré, léger, mais substantiel ; il est bon de couper les tiges à l'entrée de l'hiver et de couvrir les souches avec du terreau et même de la litière par-dessus, si l'on redoute de fortes gelées.

L'estragon trace beaucoup, il envahit très-promptement le sol dans lequel on le plante; ce qui oblige à renouveler les plantations tous les trois ou quatre ans.

Les tiges de l'estragon, séchées au soleil comme du foin, servent à donner de la saveur au vinaigre, qui prend alors le nom de vinaigre à l'estragon. Cette qualité de vinaigre est excellente.

On plante quelquefois des pieds d'estragon dans de grands pots; ils y végètent très-bien et peuvent alors être rentrés l'hiver en orangerie.

Basilic. — De la famille des *labiées*; on en connaît plusieurs espèces. Les plus connues sont le *basilic à larges feuilles* et le *basilic fin* ou à petites feuilles.

On cultive cette plante à cause de la délicieuse odeur aromatique de ses feuilles, qui sont employées en assaisonnement dans plusieurs de nos mets. Elle forme de petites touffes arrondies, très-ramifiées, hautes de 20 à 25 centimètres, garnies de feuilles de la grandeur de celles du myrte dans le petit basilic, et un peu plus larges dans la grande variété. Il faut à l'une et à l'autre beaucoup d'eau et de chaleur.

Le basilic est à la fois une plante utile et agréable; son port élégant, son odeur aromatique, le font rechercher, surtout par les personnes qui exercent une profession sédentaire et qui aiment la société des végétaux. Qui n'a vu, maintes fois, dans l'échoppe du savetier ou dans la boutique du tailleur, ces jolies boules de verdure qui communiquent aux doigts qui les touchent un suave parfum?

Semis. — On sème au printemps sur couche, on recouvre d'une cloche, et, lorsque le plant est assez fort, on le lève en motte pour le transplanter soit en pleine terre, soit en pot.

Thym. — Petit arbuste de la famille des *labiées*, cultivé en bordure pour l'usage que l'on fait de ses pousses dans le bouquet des ragoûts. Multiplication par graines semées au printemps, mais beaucoup plus ordinairement par le séparage des touffes en hiver. Toute terre, toute exposition.

Piment. — Plante annuelle de l'Inde, de la famille des *solanées*, cultivée pour ses fruits, qui sont employés comme assaisonnement, ou que l'on confit dans le vinaigre comme des cornichons.

Il y a plus de deux cents ans que le piment est connu en France.

Variétés. — On cultive plusieurs variétés de piment : le *doux*, l'*ordinaire* et le *piment du Chili* sont les plus estimés.

Semis. — On sème sur couche, en février ou en mars, ou sur terreau en avril. Lorsque les plants ont atteint une hauteur de 3 à 4 centimètres, on lève en motte et on plante en pleine terre, autant que possible le long d'un mur. Le piment demande beaucoup d'eau, s'élève sur un seul pied, et forme une touffe très-verte dans le feuillage de laquelle ses fruits lisses, rouges ou jaunes, produisent un bel effet.

Capucines. — Plante annuelle; on croit qu'elle appartient à la famille des *geranium*. Ses tiges sont flexibles, couchées, ou grimpent en s'appuyant sur les tuteurs, espaliers et treillages voisins.

Les fleurs de la capucine sont employées comme ornement de nos salades; elles sont ordinairement d'un beau rouge orangé, qui a donné son nom à la couleur capucine.

Aux fleurs succèdent des fruits gros comme des pois ronds et sillonnés de rides. On peut les confire dans le vinaigre pour remplacer les *câpres*, lesquels sont produits par un arbuste fort délicat, qu'on ne voit guère que dans les jardins du Midi de la France, et dont je ne crois pas utile de vous indiquer ici la culture.

Culture. — La culture des capucines est facile ; on sème au printemps le long d'un mur ou d'un espalier. Elles viennent partout ; elles préfèrent cependant l'exposition du levant, une terre légère et un peu fumée.

CHAPITRE VII

LÉGUMES DIVERS

QUINZIÈME LEÇON

ARTICHAUT. — ASPERGE. — CÉLERI. — ÉPINARD. — SALSIFIS OU CERCIFIS. — SCORSONÈRE. — RAVES ET RADIS. — TOMATE. — CONCOMBRE. — COURGES. — MELON. — AUBERGINES.

Artichaut. — Ce beau végétal, de la famille des *composées*, est vivace, originaire de Barbarie et du midi de l'Europe.

Son importance comme plante alimentaire est universellement reconnue ; inutile d'en parler : sa réputation est faite.

Je ferai cependant remarquer qu'il ne faut pas dire le *fruit* de l'artichaut pour désigner la partie de ce végétal que l'on mange : ce n'est là que le bouton de sa fleur ; c'est le réceptacle qui se trouve plus ou moins développé dans toutes les composées et qui est entouré d'écailles ou de feuilles coriaces, à talon charnu. Si on laisse ce bouton sur pied, il se développe bientôt, les écailles s'ouvrent et s'écartent pour laisser paraître une touffe grosse et serrée d'innombrables fleurons d'une belle couleur bleu rosé. Si on laisse aussi cette fleur, elle se dessèche peu après sans perdre entièrement son coloris, et au fond du réceptacle on trouve presque autant de graines qu'il y avait de fleurons.

Variétés. — Les variétés les plus remarquables sont :

Le *gros-blanc*, dit de Niort (Deux-Sèvres) ;

Le *vert*, dit de Laon ;

Le *camus* de Bretagne, plus précoce que les deux précédents, mais moins charnu et moins savoureux ;

Le *violet hâtif*, très-petit, mais recherché pour manger cru à la sauce poivrade.

CULTURE, PLANTATION ET RÉCOLTE. — L'artichaut demande une terre profonde, fraîche, substantielle ; il vient très-bien dans les terres fortes lorsqu'elles sont largement fumées. Cette voracité s'explique par la longueur et la grosseur de ses racines, qui forment, au bout de trois ou quatre ans, des souches énormes.

Dans quelques pays on sème l'artichaut ; mais ce mode de multiplication est généralement abandonné, parce que les semis donnent presque toujours des espèces dégénérées.

On s'en tient, pour nos contrées, à la plantation des rejetons, œilletons ou drageons. Cette plantation se fait au printemps, dans un sol bien labouré, bien fumé. On y place les œilletons à 1 mètre les uns des autres en tout sens et en échiquier, soit au moyen d'un gros plantoir, soit en faisant avec la bêche des trous de 25 à 30 centimètres de profondeur ; dans les deux cas, il faut sceller fortement la terre autour du pied, afin d'empêcher l'accès de l'air.

On peut, après la plantation, utiliser l'intervalle qui reste libre entre les rangs par une culture de salade ou quelques semis de radis. Pendant l'été qui suit la plantation, il faut arroser souvent les nouveaux plants et donner quelques binages au terrain.

Si la mouillure et les soins de propreté n'ont pas manqué, une grande partie du plant donne des fleurs à l'automne; dans ce cas, il faut couper avec soin, et le plus près possible du collet, toutes les tiges qui ont monté aussitôt qu'on a récolté les têtes.

Vers le mois de novembre, lorsque les gelées commencent à être sérieuses, on raccourcit un peu les plus grandes feuilles des artichauts sans endommager le cœur, puis on ramasse la terre autour du pied, de manière à former un cône au sommet duquel se montrent les feuilles, qui ne doivent jamais être entièrement couvertes : c'est ce qu'on appelle *affrouer* ou *butter*. Quand le froid devient rigoureux, on couvre le sommet de ce cône avec des feuilles ou de la litière sèche, qu'on a soin d'enlever si le temps devient doux, et de remettre si le froid reprend.

Quand les gelées ne paraissent plus à craindre, on peut enlever définitivement les couvertures, rabattre les buttes de terre et donner un bon labour. Puis, un peu plus tard, on déchausse chaque pied pour séparer les œilletons trop nombreux et ne laisser que les deux ou trois plus beaux; cette opération se fait, autant que possible, par un temps doux et couvert. Il faut, si l'on veut se procurer de nouveaux plants, détacher chaque œilleton avec soin, de manière à conserver son talon avec quelques racines, condition essentielle pour la reprise.

La récolte ordinaire des têtes d'artichauts commence à la mi-mai pour se continuer jusqu'à la fin de juin. Cette récolte une fois terminée, on coupe les tiges ras terre ; quelques personnes prétendent même qu'il est mieux de les arracher, sans toutefois endommager les œilletons qui poussent alentour; puis on nettoie le terrain en donnant un demi-labour.

Les pieds ne sont en bon rapport que pendant cinq ans. Si l'on ne veut pas manquer d'artichauts, il faut donc, dès la quatrième année, faire un nouveau carré, destiné à remplacer celui qui va finir.

Asperge. — Légume vivace, indigène, de la famille des *liliacées;* racines grosses, charnues, tenant le milieu entre les *tubéreuses* et les *fibreuses;* on les nomme ordinairement *pattes* ou *griffes* (grav. 31). Sa tige verte, rameuse, produit de petites fleurs jaunâtres et des boules ou baies rouge vermillon qui contiennent la graine; à la fin de l'automne elle jaunit et meurt ; mais elle repousse au printemps, et c'est au moment où elle sort de terre, encore blanche, terminée par un bourgeon violet, succulent, qu'on la cueille, ou plutôt qu'on la détache de la souche au moyen d'un instrument en fer appelé *gouje.*

Ce légume est justement recherché comme aliment sain, agréable au goût, et, dans quelques cas, utile à la santé.

Semis. — L'asperge se multiplie de graines semées en pépinière sur une terre saine, bien ameublie et légèrement amendée avec des terreaux sablonneux.

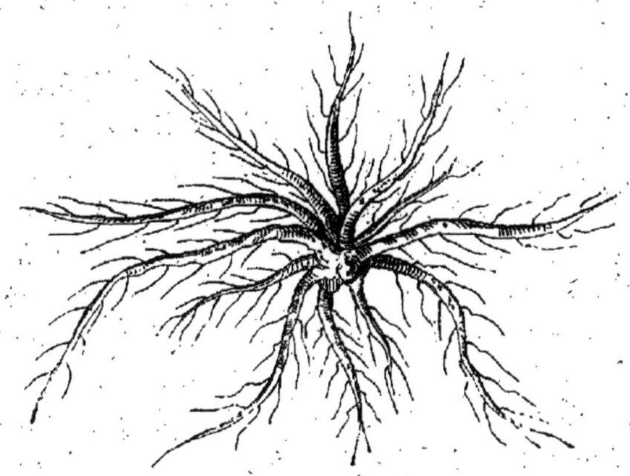

Grav. 31. — Griffe d'asperge.

Le semis peut se faire au mois d'octobre, ou mieux dans les premiers jours de mars. Il lève au bout de trois semaines; si le temps est sec, il faut donner quelques arrosements, biner et nettoyer jusqu'au moment où les tiges se dessèchent et disparaissent pour ne repousser qu'au printemps suivant. A cette époque, on nettoie de nouveau le terrain, on arrose pendant la sécheresse, on bine quelquefois pour ôter les mauvaises herbes, on continue enfin les soins de la première année jusqu'à l'hiver. C'est à la fin de ce second hiver qu'on peut arracher les griffes déjà fortes pour les mettre en place.

Travaux préparatoires pour la plantation. — La préparation du terrain pour planter à demeure est basée sur les trois faits suivants :

1° L'asperge craint beaucoup l'humidité stagnante à la racine;

2° Cette racine atteint jusqu'à 60 ou 80 centimètres de longueur quand elle trouve une terre à son gré;

3° La souche tend toujours à s'élever et à remonter vers la surface de la terre.

En conséquence, quand on veut faire un carré d'asperges, il faut :

1° Défoncer le sol à 1 mètre de profondeur, assainir le fond au moyen d'un drainage de gros sable, de cailloux, de genêts ou de bruyère ;

2° Rapporter sur le drainage des terres légères, sablonneuses, bien divisées et même passées à la claie ;

3° Laisser la surface du carré, après la plantation, à 15 ou 20 centimètres en contre-bas du sol du jardin, afin de pouvoir, chaque année, charger ce carré d'une couche de 8 à 10 centimètres de bon terreau mêlé de fumier bien consommé.

Plantation. — Quand le drainage est établi, on le couvre de 15 centimètres de terre, puis on marque avec un petit piquet la place de chaque patte ou griffe. Ces piquets doivent être placés en échiquier, à 50 centimètres les uns des autres en tous sens. Inutile de dire que, si l'on tient à un alignement régulier de chaque rang, il sera bon de se servir du cordeau. Les places une fois déterminées, on recouvre chaque piquet d'un petit monticule en forme de cône, de 20 à 25 centimètres de hauteur, puis on établit la griffe ou patte sur le sommet du cône en arrangeant les racines avec soin tout autour et le long de ses flancs ; après quoi il n'y a plus qu'à combler avec la terre préparée comme dessus, de manière que la souche se trouve recouverte de 10 à 12 centimètres. La plantation une fois faite, les soins consistent à arroser, si l'été est trop sec, à biner, sarcler, nettoyer jusqu'au moment où les tiges sont jaunes et sèches.

A la fin d'octobre, il faut couper toutes les tiges desséchées et couvrir d'un paillis de fumier long.

Vers le mois de mars, on enlève le paillis, on donne un léger binage avec une fourche à trois doigts, et on charge de 3 à 5 centimètres de terreau. Ces mêmes soins doivent être continués pendant trois ans avant de commencer la récolte des tiges d'asperges ; ce n'est qu'au printemps de la troisième année qu'on peut cueillir les plus grosses, en ayant soin de laisser monter les plus faibles pour ne pas fatiguer les pattes encore jeunes.

La quatrième année, le carré est en plein rapport; mais je suis d'avis de ne jamais l'épuiser, c'est-à-dire qu'il faut cesser la récolte vers la fin de juin, de manière à laisser monter au moins deux ou trois tiges par griffes. Quant aux soins, ils sont toujours les mêmes : suppression des tiges à l'automne, couverture de fumier long pour l'hiver, binage avec chargement de terreau au printemps.

Si l'on ne veut pas ou si l'on ne peut pas sacrifier un carré tout entier pour planter des asperges, on défonce une planche, on draine le fond, on remet la terre ou de bon terreau, et on sème pour laisser en place.

Dans ce cas, il est nécessaire de semer très-clair, à rayons, et d'éclaircir dès la première année, de manière à laisser un espace de 40 centimètres entre chaque pied. Si l'opération est bien faite et que les soins ne manquent pas, on peut cueillir les premières asperges au printemps de la quatrième année.

Griffes et variétés. — Quelques personnes, au lieu de semer pour se procurer du plant, achètent des griffes toutes venues; certains jardiniers en font l'objet d'un commerce assez important. Les plus recherchées pour notre pays sont celles de *Machecoul*, près Nantes; on estime aussi celles d'*Ulm*, de *Besançon*, de *Vendôme*.

Quant aux variétés, je n'en connais que deux principales : la *verte* ou commune, et la *grosse violette*, dite de Hollande.

Culture forcée. — Le plus ordinairement, pour forcer cet excellent légume, on le cultive en planches, comme il vient d'être dit, et, dès le mois de janvier, on creuse les passe-pieds pour les remplir de fumier chaud que l'on renouvelle tous les 15 jours.

D'autres fois, on fait nne couche chaude que l'on recouvre de 15 centimètres de terreau, d'un coffre et d'un châssis; puis on plante dans le terreau de vieilles pattes d'asperges prises dans un carré que l'on se propose de détruire. S'il survient du froid, on met des réchauds de fumier tout autour de la couche, et, par ce moyen, on se procure des asperges trois semaines environ après l'établissement de la couche.

Céleri. — Le céleri appartient à la famille des *ombellifères;* il est indigène, bisannuel. On en distingue deux espèces, qui se cultivent généralement dans les jardins :

1° Le *céleri-rave*, dont la racine grosse et charnue se mange cuite, à l'exclusion des feuilles ;

2° Le *céleri long* ou *à fosse*, dont on mange la racine et les feuilles, que l'on fait blanchir en les buttant avec de la terre.

Semis. — L'une et l'autre se sèment en avril sur des planches bien ameublies ; la graine, étant extrêmement fine, doit être peu couverte. On laisse le céleri sur place jusqu'au moment de la transplantation.

Culture. — *Céleri-rave.* — Pour le céleri-rave, on repique en rayons vers la fin de juin et jusqu'en juillet, en laissant 25 centimètres entre chaque plant, puis on arrose et on donne des binages. On peut commencer à recueillir les racines à la fin d'octobre; on continue à les manger pendant l'hiver. Dans ce cas, on laisse en place, car le céleri ne craint pas la gelée; cependant, si le froid devenait trop rigoureux, il serait bon de couvrir les planches avec des feuilles sèches ou avec de la litière.

Céleri-fosse. — Le céleri-fosse se plante au fond d'une petite tranchée de 50 centimètres de profondeur. Lorsque la tranchée est ouverte, on a soin d'en labourer le sol inférieur, puis on plante sur deux rangs. Les arrosements doivent être fréquents, car cette plante aime beaucoup l'eau. Quand elle a atteint 25 ou 30 centimètres de hauteur, on lie chaque pied avec un petit jonc, sans trop le serrer, puis on fait couler la terre de la tranchée de manière à la combler de 8 centimètres environ, et on arrose encore ; lorsque le céleri s'est allongé de 20 centimètres, on recommence l'opération, que l'on renouvelle jusqu'à ce que toute la terre de la tranchée ait été employée.

Pour recueillir le céleri, on fouille la tranchée de manière à l'arracher sans le casser.

Variétés. — Il y a plusieurs variétés de céleri-fosse : 1° le *plein blanc;* 2° le *turc;* 3° le *gros violet de Tours*. Pour le céleri-rave, on préfère le *court hâtif* et la variété *à feuilles frisées.*

Graine. — La graine se récolte sur des pieds qui ont passé l'hiver en terre et qui montent au printemps.

Épinard. — Plante annuelle, de la famille des *chénopodées*, originaire de l'Asie septentrionale.

Semis. — Pour avoir des épinards en toute saison, il faut semer de mois en mois, en rayons espacés de 15 à 16 centimètres, sur une terre bien fumée, naturellement fraîche ou largement arrosée.

Pendant l'été, on doit semer dans une situation un peu ombragée, afin que le plant ne monte pas aussi vite. On peut commencer la culture de l'épinard dès le mois de février, et ne la suspendre qu'au mois d'octobre ; ce dernier semis donnera des feuilles à couper pendant une partie de l'hiver.

Graine. — Pour se procurer de la graine, on laisse monter une planche semée au mois de mai.

Variétés. — Les nombreuses variétés de l'épinard se divisent en deux sections : les *épinards à graines épineuses*, et les *épinards à graines rondes et sans épines.*

Parmi les premiers nous citerons : l'*épinard commun* et l'*épinard d'Angleterre*, à feuilles plus larges et plus épaisses.

Parmi les seconds, on cultive l'*épinard de Hollande*, l'*épinard de Flandres*, *l'épinard à feuilles d'oseille* et l'*épinard blond.*

Quant à moi, je conseillerai toujours l'épinard *commun* à graines épineuses, parce qu'il est le plus robuste, le plus productif et le plus facile à cultiver.

Salsifis ou cercifis. — De la famille des *composées ;* indigène, bisannuel, racine pivotante, longue et menue.

Culture. — Terre profonde, bien labourée. La graine craint beaucoup l'humidité ; on la sème en mars et en avril et on la laisse en place; il faut arroser quand le temps est trop sec, et ne commencer la récolte des racines qu'à la fin d'octobre.

La plante passe l'hiver en terre, fleurit au printemps pour donner des graines munies d'aigrettes soyeuses à l'aide desquelles elles s'envolent au moindre vent. Il faut donc, par exception, les récolter dès le matin, avant que le soleil ait fait ouvrir les bractées qui les entourent.

Il est impossible de faire cette récolte d'un seul coup; on est obligé d'y revenir au fur et à mesure que chaque tête est bonne à cueillir.

Scorsonère. — On cultive de même la *scorsonère*, dont la racine est noire ; elle diffère du salsifis en ce qu'on ne la mange ordinairement que la seconde année.

Raves et Radis. — De la famille des *crucifères*, annuel originaire de la Chine. Tout le monde connaît cet excellent légume, qui se croque tout cru, et qui, par son goût piquant, excite l'appétit.

Semis. — On sème les radis et les raves toute l'année ; leur végétation s'accomplit dans le court espace d'un mois et quelquefois moins.

On peut en obtenir pendant l'hiver en semant sur couche, et pendant tout l'été en semant en pleine terre sur des planches bien préparées. On arrose assez copieusement, pour que la racine soit plus tendre. Le semis doit être fait à la volée.

Graine. — La graine se récolte à la fin de l'été, sur des pieds qu'on a laissés monter.

Variétés. — Le radis est rond et un peu allongé, il y en a de trois couleurs : *rouge*, *violet* et *blanc*. On en connaît aussi une variété qu'on appelle *radis d'hiver ;* il est noir ou rose clair, beaucoup plus gros que le radis ordinaire, sa chair est ferme et très-piquante.

La *rave* est ordinairement rose ou rouge, elle est beaucoup plus longue que les radis ; il lui faut, par conséquent, une terre plus légère et plus ameublie.

Tomate. — La tomate est une plante annuelle, originaire du

Mexique ; elle appartient à la famille des *solanées*. Son fruit, de forme assez bizarre, est gros, vert d'abord et rouge vif à l'époque de sa maturité. C'est la pulpe de ce fruit qui, réduite en purée et convenablement assaisonnée, se mange en sauce immédiatement, ou se met dans des vases pour être conservée et mangée plus tard.

Semis et culture. — On sème dès le mois de mars sur couches avec couvertures de cloches ou de châssis. On repique en pleine terre au midi lorsque les gelées ne sont plus à craindre. L'espace entre chaque pied doit être de 60 centimètres au moins.

Lorsque la plante est forte et qu'elle a atteint une hauteur de 40 centimètres, il est utile de l'arrêter en pinçant le sommet des tiges ; on peut aussi lui donner un tuteur ou la palisser sur un treillage. Plus tard, quand les fruits sont formés, il est bon d'ôter les feuilles qui les cachent, de manière qu'ils soient soumis à l'action du soleil et qu'ils puissent ainsi mûrir de bonne heure.

Les tomates aiment une terre légère, mais substantielle; une bonne exposition, des arrosements fréquents pendant l'été, beaucoup d'air vers la fin de la saison.

Quelques jardiniers ont réussi à les forcer sous châssis; mais cette culture est difficile, à cause de l'humidité.

Variétés. — Les variétés les plus connues sont : la *grosse rouge*, la *grosse jaune*, la *petite rouge* et la *tomate cerise*.

Graine. — Pour se procurer la graine, il faut cueillir les plus beaux fruits, les laisser pourrir dans un endroit sec, puis les laver pour séparer la pulpe de la semence, qu'on étend ensuite sur une planche ou sur un linge pour la faire sécher.

Concombre. — Le concombre est une plante annuelle originaire de l'Inde, famille des *cucurbitacées*.

Semis. — On sème les concombres sur couche et sous cloche à la fin de mars. Lorsqu'ils ont quatre feuilles, y compris les cotylédons, on les transplante, à 1 mètre les uns des autres, dans une terre bien fumée, bien ameublie ou même amendée par l'addition de bon terreau. Si l'on craint encore les gelées blanches, il faut couvrir chaque pied d'une cloche qu'on enlèvera vers la fin de mai.

Il est bon de pincer la tige principale au-dessus du deuxième œil, pour forcer la plante à se ramifier. Les concombres n'exigent, après cette opération, d'autres soins que les binages et les arrosements fréquents.

Quelques personnes sèment à la fin d'avril pour laisser sur place. Dans ce cas, on fait, sur une planche bien labourée et bien fumée, des trous de 50 centimètres de diamètre sur 30 centimètres de profondeur; on comble ces trous avec du terreau, on met au centre quatre graines, que l'on enfonce à 2 ou 3 centimètres environ, puis on recouvre de cloches. Lorsque les graines sont levées et que la première feuille, après les cotylédons, est bien développée, on arrache les deux pieds les plus faibles pour laisser les deux plus forts, on enlève les cloches, on pince, on bine et on arrose comme je l'ai dit ci-dessus.

Enfin, si l'on n'a pas de cloches, on peut semer dans la première quinzaine de mai, en pleine terre, et on aura encore une bonne récolte.

Variétés. — Voici les principales variétés :

Le *blanc long*, le *blanc hâtif*, le *jaune long*, le *vert long*, le *petit vert* ou cornichon, particulièrement estimé pour confire dans le vinaigre.

On cultive aussi le concombre *serpent*, ainsi nommé parce que sa forme est très-allongée et très-flexueuse, et le concombre *groseille* (grav. 32). Ils sont curieux, mais ne se mangent pas. On pourrait cependant les confire dans le vinaigre comme les cornichons; il faudrait pour cela les cueillir avant qu'ils aient atteint leur entier développement.

Culture forcée. — Dans les villes, on force le concombre pour le manger en salade. Par ce moyen, on peut obtenir des fruits de la fin d'avril à la mi-mai.

On sème en décembre ou janvier, dans de petits pots qu'on

met sur couche chaude et sous châssis. On couvre de paillassons pendant les premiers jours, mais il faut donner de la lumière aussitôt que les graines sont levées; toutefois, le soir, on doit avoir soin de couvrir, surtout quand il gèle.

Grav. 32. — Concombre groseille.

On prépare le long d'un abri en plein midi une autre couche de fumier chaud, sur laquelle on établit un coffre. On met dans ce coffre 20 centimètres de terreau substantiel et on couvre avec un châssis. Quand le coup de feu n'est plus à craindre, on plante les jeunes pieds de concombre sans endommager la motte; on en place trois en triangle sous chaque coffre; on les enterre jusqu'aux cotylédons et on les pince au-dessus du premier œil. La nuit, il faut couvrir, doubler même les couvertures si le froid est rigoureux.

Lorsque la couche a jeté sa première chaleur, on l'entoure d'un bon réchaud qu'on renouvelle tous les quinze jours. On donne un peu d'air au milieu du jour si la température extérieure le permet, puis, quand les jeunes plants commencent à se ramifier, on pince chaque branche au-dessus du troisième œil. Si vous continuez ces soins, si vous arrosez quelquefois, vous obtiendrez, je crois pouvoir l'assurer, un succès complet.

Courges. — Vous connaissez tous le fruit énorme qu'on appelle *citrouille;* vous en avez vu de toute grosseur, de toute forme, de toute couleur.

Vous vous rappelez sans doute les réflexions de ce brave homme qui, couché sous un chêne, trouvait fort mauvais que le bon Dieu n'eût pas attaché les citrouilles aux branches vigoureuses du roi de nos forêts. La leçon ne se fit pas attendre : un gland se détacha tout juste pour lui tomber sur le nez. « Corbleu! dit-il, c'en était fait de moi, si c'eût été une citrouille; je vois maintenant que le Créateur a fort bien fait de ne pas suspendre ces fruits si lourds aux branches des arbres, et de leur donner la terre pour appui. »

Je vous cite cette fable, mes enfants, pour vous faire bien comprendre qu'en cela comme en beaucoup d'autres choses il faut admirer la prévoyance et la sagesse infinie du souverain Maître de l'univers. Tout est prévu, tout est bien, et, chaque fois que nous murmurons contre les décrets de la Providence, nous sommes des insensés, des ingrats. Maintenant je reviens à mon sujet.

Les *courges* ou citrouilles sont annuelles, de la famille des *cucurbitacées*, et originaires des pays chauds.

Elles sont pourvues de tiges rampantes, de feuilles larges, à l'aisselle desquelles sortent les fleurs, puis les fruits, qui, ne pouvant se soutenir, retombent bientôt sur la terre pour y prendre à l'aise un accroissement quelquefois considérable.

La plante est monoïque, c'est-à-dire qu'elle porte sur le même pied des fleurs mâles qui n'ont que des étamines, et des fleurs femelles qui n'ont que des pistils. Or ces dernières sont ordinairement fécondées par le pollen des premières; mais très-souvent il arrive aussi qu'elles reçoivent volontiers la poussière fécondante des autres plantes de la même famille qui se trouvent dans les environs.

Il suit de là que nous possédons déjà des variétés presque innombrables et que le nombre s'augmente encore chaque jour. Il me serait donc impossible de vous en donner ici la liste.

Variétés. — Voici comment un savant horticulteur, M. Naudin, après avoir fort habilement débrouillé ce chaos, a cru devoir classer les principaux types de nos courges cultivées :

1° La *grosse courge* : pédoncules renflés, striés; feuilles larges à lobes arrondis, découpures peu profondes. Tous les *potirons*, les *giraumons*, la *courge turban*, celle de l'*Ohio*, de *Valparaiso*, etc., sont compris dans cette catégorie.

2° La *courge Pepo* : pédoncules minces présentant cinq cannelures; feuilles profondément découpées, couvertes de poils rudes presque épineux. On peut ranger sous cette dénomination commune les citrouilles de *Touraine* et du *Bocage de la Vendée*, la *courge sucrée du Brésil* et la *courge Artaud* (grav. 33), celle dite *à la moelle*, les *coloquintes*, les *gourdes*, etc.

3° La *courge Moschata* : pédoncules faiblement cannelés, très-élargis vers le fruit; feuilles à lobes très-profonds, poils nombreux, mais doux. Elle comprend les *courges pleines de Naples* et la *courge portemanteau*.

Culture et semis. — On sème au commencement d'avril sur une couche, soit dans de petits pots, soit dans le terreau qui recouvre la couche. On couvre d'une cloche en cas de gelée, puis, lorsque les pieds sont assez forts, on les met en place dans une terre préparée d'avance. Il faut espacer les pieds de

Grav 33. — Courge Artaud.

2 mètres au moins les uns des autres, parce qu'ils prennent ordinairement un développement considérable.

On peut aussi pratiquer des fosses de forme ronde comme pour les concombres, remplir les fosses de terreau et semer sur place, fin d'avril.

Lorsque les courants se sont allongés et que les fruits commencent à se former, il est bon d'enterrer ces courants de distance en distance, comme si on voulait faire une marcotte. Il se forme par suite, à l'aisselle des feuilles, quelques racines adventives qui nourrissent le fruit en lui portant leur contingent de séve et de sucs alimentaires.

En général, les courges ne reçoivent aucun pincement, aucune taille; néanmoins quelques jardiniers coupent la première tige au-dessus du troisième œil et pincent les branches qui portent des fruits au-dessus du deuxième œil après ces fruits.

Dans la plupart des variétés, la maturité n'est complète qu'à la fin d'octobre; mais on pourrait les cueillir avant cette époque, et les manger cuites comme des concombres; elles sont excellentes. Ainsi c'est à tort qu'on rejette celles qui sont supprimées par la taille ou qui se forment en retard et qui n'ont pas le temps de mûrir.

Toutes les plantes de la famille des cucurbitacées, les courges en tête, aiment la terre légère, les engrais et les arrosements.

Espèces non comestibles. — Outre les espèces comestibles, on cultive dans les jardins un grand nombre de cucurbitacées sous le nom de *cougourdes*, *pèlerines*, *bouteilles longues*, *bouteilles plates*, *cors de chasse*, *coloquintes*, etc.

Leurs fruits, bien mûrs, bien secs et vidés avec soin, forment des vases solides et légers qu'on peut employer pour mettre des liquides, ou pour conserver des graines fines.

Leur culture diffère peu de celle des courges; il faut seulement leur donner un appui, parce que, leurs tiges grimpant et s'enroulant facilement autour des rames, le long des espaliers, des treillages, etc., il en résulte que les fruits reçoivent l'impression du soleil de tous les côtés, qu'ils mûrissent mieux et qu'ils ne sont pas déformés par leur pression sur le sol.

Melon. — Le melon est un beau présent du ciel; fruit savoureux, parfumé, toujours plein d'une eau fraîche et sucrée qui désaltère et flatte agréablement le palais pendant les chaleurs de l'été.

La Providence le fait naître spontanément dans les contrées chaudes de l'Asie; mais nous l'avons depuis longtemps acclimaté chez nous. Il est, comme les concombres et les courges, de la famille des *cucurbitacées;* comme eux, il dégénère facilement par suite du mélange des pollens; aussi les jardiniers ont-ils bien soin de l'éloigner autant que possible de toutes les plantes de la même famille qui pourraient en altérer la forme et le goût.

Il y a plus : les diverses espèces se nuisent entre elles; pour les conserver pures, il faut les cultiver séparément.

On ne connaissait autrefois que les melons *brodés* ou *maraîchers;* mais peu à peu les horticulteurs ont introduit des espèces bien préférables, tant sous le rapport du volume que sous le rapport de la qualité; ainsi, de nos jours, les diverses variétés de l'espèce dite *cantaloup* paraissent avoir détrôné presque complétement les *brodés*, qu'on ne voit plus que dans les campagnes et chez quelques jardiniers fort arriérés.

Classification. — Je divise d'abord les melons en deux grandes séries :

1° Les melons à chair rouge;

2° Les melons à chair blanche ou verdâtre.

Puis je fais une seconde division en trois races principales ou espèces, qui comprennent chacune un grand nombre de variétés plus ou moins pures. Je citerai seulement les plus estimées et les plus généralement connues.

Première race. — *Melon brodé* ou *maraîcher*, de forme ronde ou allongée sans côte, grosseur moyenne, saveur médiocre.

En voici plusieurs variétés :

Sucrin de Tours : rond, chair rouge, très-sucrée;

A petites graines : rond, petit; chair rouge; fruit très-plein et très-hâtif;

Sucrin à chair blanche : très-parfumé, fondant, rustique;

Ananas à chair verte : rond, petit, à côtes peu prononcées; très-bon et très-hâtif.

Seconde race. —*Cantaloup,* chair rouge, forme ronde couverte de *verrues* ou *gales*, goût vineux excellent.

Voici les principales variétés :

Prescott fond blanc : le plus cultivé et le plus estimé; forme ronde aplatie, côtes galeuses, d'un vert blanc ; chair rouge et ferme ;

Petit prescott fond blanc : plus petit et plus hâtif que le précédent ;

Cantaloup sucrin (grav. 34) : forme ronde, aplatie, à côtes peu prononcées, dénuées de gale; chair orange foncé, fondante, très-sucrée.

Prescott fond noir : forme ronde, côtes très-prononcées et très-galeuses, chair rouge ; délicieux ;

Noir des Carmes : forme ronde, aplatie ; côtes peu prononcées ; écorce d'un vert noir ; chair rouge très-parfumée ;

Boule de Siam : forme ronde ; côtes peu prononcées, sans gale ; chair rouge pâle, fondante, parfumée ; moins hâtif que les précédents ;

Gros de Portugal : fruit énorme ; forme ronde, quelquefois un peu allongée ; côtes prononcées, couvertes de gales plus grosses que des noix ; chair rouge, moins délicate et moins parfumée que celle des prescotts ;

Petit orange : rond, très-petit ; chair rouge très-parfumée ; excellent pour forcer sous châssis ;

Cantaloup à chair verte : forme ronde légèrement aplatie ; côtes assez prononcées ; chair verte très-sucrée ;

A chair blanche : à peu près le même que le précédent ;

D'Alger : fruit moyen, arrondi; gales nombreuses; chair rouge; rustique et fertile.

Troisième race.— Melons unis; ils ont généralement beaucoup d'eau; le goût est sucré, mais peu relevé.

Grav. 54. — Melon Cantaloup sucrin réduit au tiers de la grandeur naturelle.

Nous citerons les variétés suivantes :

Melon de Malte : à chair rouge et à chair blanche; fruit moyen de forme allongée, à écorce lisse; fondant et sucré;

Muscade des États-Unis : petit; fond vert; très-allongé, un peu brodé; chair verte, fondante ;

Melon d'hiver : chair blanche et rouge, fondante, d'une saveur assez relevée ; écorce lisse ; il se conserve, dit-on, jusqu'en janvier ;

Enfin la *pastèque* ou *melon d'eau* : fruit rond ; écorce lisse d'un vert noir rayé de jaune ou de blanc ; chair blanche, à peine mangeable dans le midi de la France; cultivé chez nous pour faire des confitures.

Culture. — On a fait au sujet de la culture du melon une foule de livres et de mémoires plus ou moins étendus, plus ou moins précis ; chacun a voulu donner ses principes sur les semis, la plantation, la taille de cette plante délicate et recherchée.

Il en est résulté beaucoup de divergences dans les opinions, de diversité dans les moyens indiqués, et nécessairement un peu de confusion dans la pratique.

Pour vous, mes enfants, il faut, je le sais bien, quelque chose de clair, de simple, de facile à comprendre et à exécuter. Je vais donc faire tous mes efforts pour vous satisfaire.

Le melon craint non-seulement la gelée, mais encore les brouillards et les froids humides du printemps ; on ne doit pas songer à le cultiver en plein air avant la fin d'avril ou les premiers jours de mai. Il se plaît dans un sol léger, bien ameubli et bien fumé, ou, mieux encore, dans un bon terreau de jardin mélangé de débris de couches ; il aime surtout les terres neuves et substantielles, le grand air et le plein soleil.

Au plus fort de sa végétation, il faut arroser fréquemment les feuilles et plus rarement le pied même de la plante.

Il pousse avec tant de vigueur, qu'il faut, pour le forcer à se ramifier et à donner des fruits, arrêter dès sa jeunesse la tige principale et pincer ensuite successivement les branches latérales à mesure qu'elles se développent.

Il faut aussi retrancher quelques-uns des fruits, quand ils sont trop nombreux, et n'en laisser que quatre ou cinq au plus sur chaque pied.

Tels sont les principes généraux; passons à l'application et aux détails.

Culture en plein air. — On prépare le terrain au commencement d'avril; on dresse les planches, on nivelle, on passe le râteau, puis, à la fin du mois, si le temps est beau, on fait dans chaque planche, à 1m.50 les uns des autres et de manière qu'ils se trouvent alignés dans tous les sens, des trous de 80 centimètres de largeur sur 55 centimètres de profondeur; on remplit ces trous de fumier de cheval bien chaud, on tasse fortement et on recouvre d'une couche de terre provenant du trou, qu'on mélange avec du terreau, de manière à former une élévation de 20 centimètres au moins au-dessus du niveau de la planche; on nivelle avec soin le dessus de cette élévation, au centre de laquelle on peut, au bout de quatre ou cinq jours, semer trois graines de melon.

Quand les graines sont levées et que la première feuille est développée au-dessus des cotylédons, on arrache les deux pieds les plus faibles et on laisse seulement le plus vigoureux. Quelques personnes, je le sais, laissent deux pieds par trou; mais je ne vous engage point à agir ainsi : l'expérience m'a prouvé depuis longtemps que si, par cette méthode, on obtient quelques fruits de plus, ils ont, en revanche, l'inconvénient d'être moins gros et moins bons.

Aussitôt qu'on peut pincer avec les ongles du pouce et de l'index l'œil qui se montre au milieu entre les deux premières feuilles, on fait cette opération en ayant soin de saupoudrer la plaie avec une pincée de terre bien sèche. C'est ce qu'on appelle *châtrer*.

On enlève en même temps, à l'aide d'une lame de canif, les deux petits bourgeons qui s'aperçoivent à l'aisselle des cotylédons. C'est ce qu'on appelle *rabattre sur les oreilles*.

Plus tard on voit sortir au-dessus des deux feuilles principales deux bras qu'on laisse se développer jusqu'au cinquième nœud, puis on les pince au-dessus de la cinquième feuille et on laisse croître librement toutes les branches que fera développer cette taille ; seulement, lorsque les fruits sont noués, c'est-à-dire quand ils sont gros comme des noix, on choisit ceux qu'on veut garder, on supprime les autres, et on pince les branches qui portent les bons fruits à un œil au-dessus de ces fruits.

Une longue pratique m'a fait reconnaître qu'au moyen de cette taille simple et facile on peut obtenir des résultats aussi satisfaisants, plus satisfaisants peut-être que par ces mutilations répétées qui énervent le sujet et nuisent à la qualité autant qu'au volume des fruits.

Inutile d'ajouter qu'il faut arroser pendant la chaleur une fois au moins tous les deux jours sur les feuilles, et une fois tous les cinq jours sur le pied.

Il ne reste plus qu'à cueillir les melons quand ils sont mûrs; mais comment s'y prendre pour saisir le moment précis de la maturité ?

Rien de plus facile. On flaire le fruit qu'on veut cueillir : s'il a de l'odeur et si, de plus, la queue semble se détacher, on le coupe, on le garde pendant vingt-quatre heures sur une échelette dans un endroit frais, et, ce délai passé, on peut le livrer à la consommation.

Culture sous cloche. — Elle est absolument semblable, si ce n'est qu'on peut semer un mois plus tôt. On pourrait même semer dans les premiers jours de mars, mais en ayant bien soin de couvrir tous les soirs les cloches avec de bons capuchons en paille. Je dois ajouter que, quand les melons commencent à courir, il faut élever les cloches sur quatre petites fourches en bois, de manière que les courants puissent sortir et se développer librement ; on ôte définitivement les cloches dans la première quinzaine de juin.

Certaines personnes, au lieu de semer sous les cloches, sèment dans de petits pots qu'elles placent sur couche chaude et sous châssis, puis elles dépotent et plantent sous cloche dès que les melons sont assez forts pour supporter cette transplantation; la méthode est excellente : les melons ainsi semés sont toujours plus précoces que ceux qui ont été semés sur place.

Je puis même vous indiquer, à cette occasion, un moyen économique très-simple et très-bon pour éviter, ou tout au moins atténuer, les fatigues de la transplantation : recommandez à la ménagère, lorsqu'elle fait une omelette, de casser les œufs avec soin et de vous réserver les coquilles ; prenez ces coquilles, percez-les à la partie inférieure avec un petit morceau de bois pointu, remplissez-les de terreau bien fin, mettez dans chacune d'elles une graine de melon et placez-les sur la couche. Quand les melons seront assez forts pour être transplantés, vous n'aurez qu'à prendre une de vos coquilles, dont vous briserez les parois en la comprimant légèrement dans la paume de la main, et vous la mettrez en place avec le pied de melon qu'elle contient : la plante ne souffrira pas ; les racines auront bientôt écarté les débris de la coquille pour se répandre et s'allonger dans la terre qui les environne.

Culture forcée. — Pour la culture forcée je renvoie à ce que j'ai déjà dit en parlant des concombres ; car ce que je pourrais ajouter ici ne serait qu'une répétition, du moins en ce qui concerne l'établissement des couches, des châssis, des réchauds, des couvertures, l'époque des semis, la manière de semer, les soins à donner jusqu'à la mise en place, etc.

Quelques observations nouvelles en ce qui concerne la taille, le choix des variétés les plus hâtives, et les précautions à prendre pour éviter l'étiolement, compléteront suffisamment, je crois, les renseignements qui vous sont nécessaires pour connaître et pratiquer la culture du melon sous châssis.

Pour les *melons forcés sous châssis*, la taille n'est pas la même que pour les melons cultivés en pleine terre : il faut d'abord, autant que possible, châtrer et rabattre sur les oreilles avant la mise en place ; cette manière d'opérer m'a toujours donné un bon résultat. Quatre ou cinq jours après la châtrure on transplante ; bientôt les deux bras principaux se développent : on les pince au-dessus de la seconde feuille, ce qui détermine toujours l'émission de deux nouvelles branches qu'on arrête également au-dessus du deuxième œil, afin d'obtenir un troisième degré de ramification. Les fleurs mâles paraissent les premières sur les bras secondaires, puis les fleurs femelles sortent presque aussitôt sur les branches du troisième degré. C'est ce qu'on appelle *maille*.

A mesure qu'une de ces mailles est passée fleur et qu'elle a commencé à grossir, on dit qu'elle est *nouée;* dans ce cas, on s'empresse de pincer la branche qui la porte, un œil au-dessus du jeune fruit. Lorsqu'on a ainsi trois ou quatre *mailles* bien nouées, on commence par supprimer les rameaux qui ne portent que des fleurs mâles. Plus tard on réduit le nombre des fruits à deux ou trois sur chaque pied : on choisit pour cela les plus vigoureux, les mieux faits, et on supprime tous les autres. Enfin, on finit par retrancher toutes les branches faibles et surabondantes, on pince celles qui s'allongent trop, et on enlève avec soin tous les fruits qui naissent après coup.

Les melons, je l'ai déjà dit, aiment le grand air et le soleil; ils craignent aussi l'humidité. On conçoit donc facilement qu'ainsi renfermés et privés d'air, ils doivent s'étioler, s'allonger dès leur jeunesse. Pour éviter cet inconvénient grave, il faut donner de l'air, c'est-à-dire soulever dans sa partie postérieure le châssis sous lequel sont les plantes, toutes les fois que le soleil paraît et que l'atmosphère n'est pas trop humide.

Lors de la transplantation, si les melons sont trop hauts sur pied, il faut les enterrer jusqu'aux cotylédons ; puis, aussitôt que la reprise est opérée, on recommence à donner de l'air, toujours par le derrière du châssis, qu'on soutient à l'aide d'une crémaillère en bois.

Cette manœuvre exige les plus grands soins, la plus scrupuleuse attention. Ainsi, par exemple, par un beau jour du mois de février ou même du mois de mars, le soleil luit, le temps est doux, on lève les châssis et on va se livrer à d'autres travaux; un nuage survient, intercepte les rayons du soleil; le vent fraîchit, l'atmosphère se refroidit : si l'on n'est pas là pour fermer immédiatement les châssis, les melons sont perdus, ou tout au moins ils souffrent beaucoup.

Un autre exemple : la journée tout entière a été favorable, on a donné de l'air largement, sans défiance; mais on s'est éloigné, attardé, et l'on n'est revenu pour fermer qu'au moment où le soleil se couchait : eh bien, les melons auront encore souffert; ils jauniront, seront languissants et moins précoces.

Enfin, le temps, plusieurs jours de suite, n'a pas permis d'ouvrir les châssis; l'humidité s'est accumulée, concentrée sous l'étroite couverture, quelques feuilles sont déjà pourries. Qu'on se hâte, qu'on soulève le châssis, qu'on essuie avec un linge, et très-soigneusement, la face intérieure des vitres; car, si l'on tardait le moins du monde, on verrait disparaître les fruits déjà noués : ils *couleraient*, c'est le mot technique.

Vous le voyez, la culture forcée des melons n'est pas très-difficile en théorie; mais la pratique exige des soins intelligents, une attention constante et soutenue.

Variétés hatives. — Quant aux variétés hâtives, elles sont assez nombreuses. J'indiquerai seulement les suivantes :

Le *petit cantaloup orange*, — le *noir des Carmes*, — le *petit prescott fond blanc*, — le *prescott fond noir*, — l'*ananas*, — le *sucrin à petites graines* ou *quarante-huit jours*, etc...

Aubergines. — Les *aubergines* ou *melongènes* sont des plantes annuelles de la famille des *solanées*, originaires des pays chauds.

Culture et semis. — Dans nos contrées, la culture des aubergines est assez simple et n'exige pas de grands soins.

On les sème sur couche et sous cloche vers la fin de mars ou dans la première quinzaine d'avril; quand elles sont levées, on donne de l'air pendant le jour pour préparer le plant à supporter la pleine terre, puis, à la mi-mai, on repique sur une vieille couche ou sur une planche bien terreautée. La reprise une fois opérée, l'aubergine n'exige plus que des arrosements et des soins de propreté. Quelques personnes pincent la tige

Grav. 35. — Plante d'ornement que l'on cultive comme les autres aubergines.

principale pour la faire ramifier; mais cette opération n'est pas indispensable.

Dans le nord de la France il faut prendre, pour cultiver les aubergines, quelques précautions : on est obligé de les semer en terrine sur couche chaude et sous châssis, puis de les repiquer aussi sur couche et sous châssis.

VARIÉTÉS. — On cultive généralement deux variétés d'aubergines.

1° La *blanche* ou *plante qui pond;* ses fruits, à peau très-lisse, d'un beau blanc, sont oblongs et ressemblent tellement à des œufs, que l'œil pourrait s'y tromper. Ils atteignent leur dernier degré de maturité vers la fin de juillet.

2° La *violette*, vulgairement appelée *viédase*, dont les fruits sont plus gros, plus longs et d'une belle couleur violette; ils mûrissent à peu près à la même époque que ceux de la *plante qui pond.* Ils sont plus estimés pour la cuisine; on en mange beaucoup dans le Midi et même à Paris.

GRAINE. — Pour avoir de la graine, il faut laisser pourrir quelques fruits sur une échelette. Quand la pulpe est entièrement décomposée, on lave et on sépare facilement les semences, qui ressemblent beaucoup à celles des tomates.

ESPÈCE NON COMESTIBLE. — *Aubergine à fruits écarlates* (grav. 35). Plante d'ornement que l'on cultive comme les autres aubergines.

CHAPITRE VIII

DE QUELQUES PLANTES NOUVELLEMENT INTRODUITES

SEIZIÈME LEÇON

CERFEUIL BULBEUX OU TUBÉREUX. — OXALIS CRÉNELÉE. — IGNAME DE LA CHINE. — RHUBARBE PRINCE ALBERT.

L'horticulteur intelligent ne se borne pas à semer, à planter les végétaux que cultivaient ses pères : il cherche à les améliorer par ses soins, il sollicite la nature, obtient des variétés qu'il perfectionne encore par les semis, la greffe, etc.; il reçoit enfin des contrées lointaines les plantes utiles que lui apportent les navigateurs infatigables, et qu'il parvient à acclimater dans ses jardins pour les livrer ensuite aux exploitations agricoles, à l'industrie, ou même à la culture potagère.

Ne prêtez donc jamais l'oreille, mes chers amis, aux discours de certaines gens qui ne veulent voir dans le jardinage qu'un passe-temps frivole, un goût dispendieux, une occupation sans but et sans utilité. L'horticulture, au contraire, est une science pratique, une profession utile, honorable; c'est elle qui tient le creuset où se font les expériences pour l'agriculture, sa sœur aînée.

Voyez la luzerne, le sainfoin, la pomme de terre, les betteraves : il y a soixante ans, on ne cultivait ces plantes que comme des curiosités; aujourd'hui elles couvrent nos champs et nos jardins; dans cinquante ans peut-être en sera-t-il de même des végétaux dont je vais vous entretenir.

Cerfeuil bulbeux ou tubéreux (grav. 36). — De la famille des *ombellifères;* cette plante fut introduite, il y a plusieurs années, dans quelques jardins de Paris; mais sa culture ne fut

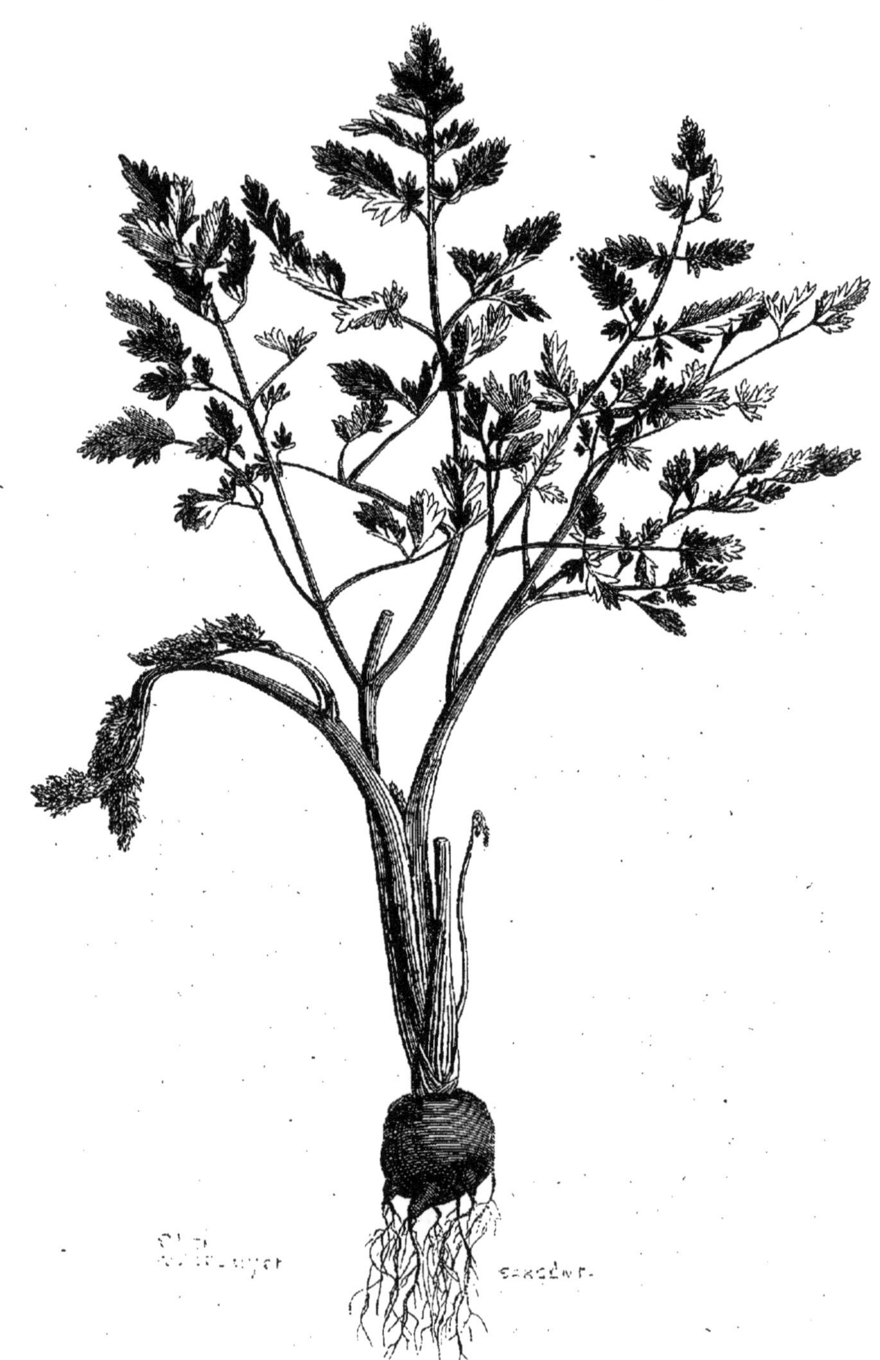

Grav. 36. — Cerfeuil bulbeux ou tubéreux.

pas suffisamment expérimentée. M. Jacques, jardinier en chef à Neuilly, la reprit et parvint à l'améliorer. Cette amélioration consista surtout à obtenir des racines plus grosses et plus charnues.

Aujourd'hui plusieurs jardiniers cultivent le *cerfeuil bulbeux*, et s'en trouvent bien. Sa racine, grosse comme une petite noix, d'une saveur agréable, farineuse et sucrée, se mange bouillie et assaisonnée de diverses manières.

Culture et semis. — La culture n'est ni coûteuse ni difficile. Il faut semer en septembre la graine qui vient d'être récoltée en août. Cette graine ne lève qu'au mois d'avril suivant. Si, au contraire, on ne sème qu'au printemps, la graine reste juste un an en terre, quelquefois même elle ne lève pas du tout : ce qui veut dire, en résumé, que la semence du cerfeuil bulbeux conserve très-mal ses facultés germinatives et qu'il faut, autant que possible, l'employer aussitôt après la récolte.

Les semis se font sur des planches bien dressées et parfaitement ameublies; on doit choisir de préférence un sol doux, léger, mais substantiel. Il est prudent de semer un peu clair, car on doit laisser sur place, et l'éclaircissage est fort difficile, pour ne pas dire impossible.

Pendant l'été, il ne faut pas négliger les sarclages ni les arrosages; vers la fin de juillet, les feuilles jaunissent un peu; c'est le moment de la récolte. On arrache par un beau temps, puis on place les racines dans un lieu sec et privé de lumière. On en conserve quelques-unes pour produire de la graine, on les plante au printemps dans une terre bien préparée, à 50 centimètres les unes des autres, parce qu'elles poussent des tiges très-nombreuses et très-fortes.

Graine. — On se procure assez facilement les graines de cerfeuil bulbeux; mais il faut les demander au mois de septembre et s'adresser à des hommes consciencieux pour avoir des semences fraîches; car celles de l'année précédente ne valent rien.

Oxalis crénelée. — Cette plante, de la famille des *oxali-*

dées, est à la fois utile et agréable. Ses fleurs élégantes, d'une jolie couleur rose vineux, sont réunies en ombelle au sommet d'un pédoncule de 18 à 20 centimètres. Ses feuilles trilobées ressemblent beaucoup à celles du trèfle et forment de jolies touffes; sa racine est tubéreuse et charnue; elle se divise ordinairement en plusieurs tubercules jaunâtres, gros comme de petits œufs de poule, que l'on fait cuire et qui fournissent un aliment sain, léger, d'une saveur assez agréable.

Quelques jardiniers prétendent que les feuilles peuvent remplacer l'oseille; je n'ai jamais fait cette expérience.

L'oxalis est originaire du Pérou; elle fut introduite vers 1829 en Angleterre, puis importée chez nous.

Culture. — Sa culture n'est pas encore très-répandue, et pourtant elle exige peu de soins. On plante, au mois de mars, les plus petites racines dans une terre légère et bien fumée : on peut les mettre en planches, on peut aussi en faire des bordures. Elles poussent rapidement, et, lorsque les feuilles ont de 10 à 12 centimètres de hauteur, on butte chaque touffe en mettant de la terre au centre pour forcer les jets à s'écarter; on renouvelle ainsi cette opération une ou deux fois à mesure que les feuilles et les tiges florales s'allongent. On arrose modérément pendant les chaleurs, puis on laisse les plantes en place jusqu'aux premières gelées blanches. A ce moment les feuilles et les fleurs disparaissent sous l'influence du froid; c'est alors qu'on doit arracher les racines et les conserver dans du sable pour les manger pendant l'hiver. Quelques horticulteurs prétendent qu'elles peuvent se conserver en terre, si l'on prend la précaution de les couvrir d'un bon lit de feuilles sèches.

L'oxalis fleurit beaucoup; mais elle n'a pas encore produit de graine; il serait pourtant utile d'en avoir; car c'est par les semis qu'on pourrait améliorer la plante et surtout obtenir des racines plus grosses et plus chargées de fécule.

Variété. — M. Bourcier, consul de France à Quito, fit passer, en 1850, au Jardin des Plantes de Paris, une *oxalis* dont les racines sont rouges et les tiges violettes : c'est évidemment une variété de la précédente; elle se cultive de la même manière. Ses produits ne sont ni plus abondants ni plus savoureux que ceux de l'oxalis crénelée à racines jaunes.

Igname de la Chine (*dioscorea batatas*) (grav. 37). — Cette plante, nouvellement introduite, n'est pas encore parfaitement acclimatée ; néanmoins les premiers essais doivent nous faire espérer que sa culture deviendra facile et que ses produits pourront être bons et utiles.

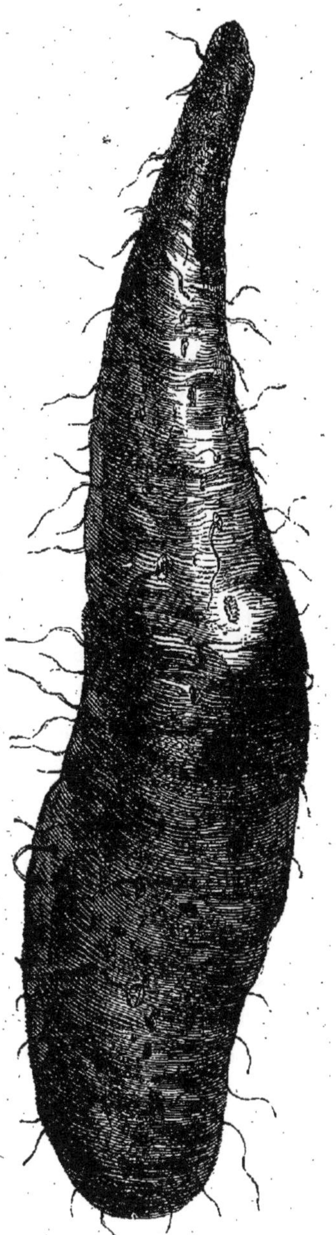

Grav. 37. — Igname de la Chine.

L'igname de la Chine appartient à la famille des *dioscorées;* elle est annuelle par ses tiges et vivace par ses racines succulentes, farineuses, renflées en forme de massue, qui s'enfoncent dans le sol à la profondeur d'un mètre, quelquefois même davantage.

Les tiges sont volubiles, de couleur violette. Quand on les abandonne à elles-mêmes, elles rampent sur la terre et s'y enracinent avec facilité; si on leur donne des tuteurs, elles s'y enroulent de droite à gauche. Leurs feuilles, d'un vert foncé à surface lisse et brillante, ressemblent assez à celles des liserons. Les fleurs sont petites, blanchâtres, réunies en grappes à l'aisselle des feuilles.

Il y a quatre ans que M. de Montigny, consul de France à Chang-Haï, nous envoya cet intéressant végétal, qui fut d'abord expérimenté au Muséum et qui bientôt passa dans les jardins particuliers.

Culture. — Voici, quant à présent, le mode de culture le plus adopté. On coupe par fragments les tubercules, et, de préférence, les têtes de ces tubercules, que l'on plante dans de petits pots; on place ces pots sur couche dans la première quinzaine d'avril; si le temps est trop froid on couvre d'un châssis.

L'igname entre en végétation et pousse promptement. Dès que les gelées ne sont plus à craindre, on dépote pour mettre en place dans une terre douce bien fumée, puis on laisse croître les tiges de la plante, qui ne tardent pas à se répandre sur le sol, en rampant dans tous les sens. Il serait mieux, peut-être, de leur donner des rames ou tuteurs pour faciliter le nettoyage du terrain, que le feuillage maigre de l'igname ne protége pas suffisamment contre l'invasion des mauvaises herbes.

On doit arroser assez copieusement pendant les chaleurs; mais il faut cesser les arrosements lorsque les pluies d'automne peuvent donner à la terre une humidité naturelle.

La récolte se fait le plus tard possible, parce que c'est surtout à la fin de la saison que les tubercules grossissent. Quant aux moyens de conservation, ils sont les mêmes que pour les pommes de terre et les autres racines succulentes.

La partie supérieure et amincie des tubercules doit toujours être conservée pour la reproduction, tandis que la partie inférieure et charnue peut être mangée dès qu'elle aura perdu, par quelques jours de dessiccation, l'excès de son eau végétative.

Multiplication. — Si on veut multiplier rapidement l'igname de la Chine, le bouturage des tiges en fournit un facile moyen.

Pour cela on coupe, au mois de juillet, des tiges d'ignames en autant de morceaux qu'elles portent de feuilles ; on plante ces boutures à froid dans de la terre de bruyère sablonneuse, de manière que l'œil qui se trouve à l'aisselle des feuilles soit légèrement enterré, puis on couvre d'une cloche. Au bout de six semaines, les boutures sont enracinées et présentent à l'aisselle de la feuille un petit tubercule gros comme une noisette, qu'on laisse grossir jusqu'au mois de septembre et qu'on laisse aoûter ensuite en cessant les arrosements. Ces tubercules conservés fournissent, au printemps suivant, des plants aussi bons que ceux provenant de fragments de racines. Chaque plante peut ainsi produire une centaine de sujets.

Autre méthode plus facile encore : on couche horizontalement les tiges en plein air, sans les couper; on les enfouit à fleur de terre, de façon que les feuilles s'étalent sur la surface du sol et que les yeux des aisselles soient recouverts ; on bassine souvent, et, à moins que le mois de juillet ne soit humide et pluvieux, on obtient les mêmes résultats qu'en coupant les tiges pour bouturer sous cloche.

Je le répète, on en est encore aux essais; mais il est probable que cette plante utile s'acclimatera de plus en plus et deviendra tout aussi rustique, plus rustique peut-être que la pomme de terre, la betterave et autres végétaux de ce genre.

Rhubarbe prince Albert (*rheum australe*). — Les rhubarbes sont des plantes de la famille des *poligonées*, et presque toutes originaires de la partie septentrionale de la Chine; mais, cultivées chez nous, elle y prospèrent comme des végétaux indigènes.

Jusque-là on ne connaissait de la rhubarbe que ses qualité purgatives ; les Anglais nous ont appris depuis quelques années à manger les pétioles charnus de ses feuilles confits avec du sucre ou mêlés dans la pâtisserie.

Variétés. — On cultive spécialement pour cet usage les trois variétés suivantes : la rhubarbe *à feuilles ondulées;* la rhubarbe *groseille;* la rhubarbe *prince Albert*.

Cette dernière surtout commence à se répandre, et je l'ai déjà vue dans plusieurs jardins particuliers.

Les racines sont fortes, rameuses, brunes en dehors, d'un beau jaune rouge en dedans. Quand on les mâche, elles teignent la salive en jaune et laissent dans la bouche une saveur amère. La fleur est petite, blanchâtre, portée sur de longs pédoncules; elle produit une graine brune ayant une aile membraneuse à chacun des trois angles qu'elle présente.

Enfin, ses feuilles sont grandes, radicales, vertes en dessus, teintées de pourpre en dessous; le pétiole qui les porte est épais, charnu, d'une saveur acide.

C'est cette partie de la plante que l'on pèle, que l'on coupe par tronçons et que l'on fait cuire avec du sucre pour en faire des confitures d'un goût très-fin, à peu près semblable à celui de la marmelade de prunes. La culture en est fort simple.

Multiplication. — La rhubarbe se multiplie par la séparation des touffes, que l'on plante au printemps en bonne terre douce et profonde ; on arrose quelquefois pendant l'été, et, dès le mois de juillet, on peut commencer à cueillir les feuilles les plus fortes en continuant ainsi jusqu'en octobre. On cesse alors la récolte, et, si l'hiver devient trop rigoureux, on couvre chaque pied d'un bon lit de feuilles sèches.

Semis. — Les semis se font aussitôt après la récolte des graines, sur couche froide ou dans des terrines. Puis au printemps on repique en place et on cultive comme ci-dessus.

CHAPITRE IX

CULTURE DU FRAISIER

DIX-SEPTIÈME LEÇON

LE FRAISIER.

Fraisier. — On cultive généralement le fraisier dans les jardins à légumes ; sa place était donc naturellement marquée à la suite de cette nomenclature des plantes potagères.

Vous connaissez tous ses jolies fleurs blanches en corymbe, ses fruits parfumés, ses feuilles trifoliées, dentées, quelquefois légèrement velues, ses tiges courtes, sous-ligneuses, et ses longs filets courant sur la terre, s'enracinant et se développant à chaque nœud pour donner naissance à une nouvelle plante. Ces filets s'appellent *coulants* ou *stolons.*

On a placé le fraisier dans la famille des *rosacées ;* les botanistes n'admettent qu'une espèce bien constatée : le fraisier *commun*, indigène, répandu partout. Il naît dans nos bois, sur les coteaux ombragés, donne des fruits petits, nombreux, d'un goût acidulé fort agréable.

C'est ce type sauvage qui, par les semis et la culture, a produit, non-seulement en France, mais encore en Angleterre, en Belgique et dans beaucoup d'autres pays, des variétés innombrables dont la liste s'augmente chaque jour.

Classification. — Il faut pourtant adopter une classification, et je ne crois pouvoir mieux faire que de vous donner ici celle du *Bon Jardinier*, ouvrage complet, sérieux, que je ne saurais trop recommander à ceux d'entre vous qui voudraient plus tard compléter leur éducation horticole.

A défaut, dit-il, de pouvoir encore rapporter positivement

les diverses variétés cultivées du fraisier à l'espèce botanique d'où elles sont sorties, nous conservons les classes depuis longtemps adoptées par M. Poiteau. Elles sont au nombre de six, et peuvent se reconnaître à leur port, à leur couleur, à la grandeur, à la structure de leurs fleurs, à la grosseur et à la qualité de leurs fruits.

Première classe. — Fraise des bois : feuillage blond, fleurs petites, fruits petits, ronds ou oblongs, très-parfumés.

A cette classe appartiennent tous les *quarantains* à fruits rouges ou blancs ; — la fraise des *Alpes* à filets ; — la fraise *Gaillon* sans filets; — la fraise de *Montreuil*, etc.

Deuxième classe. — Fraise étoilée ou *de Champagne :* les variétés de cette section ne sont pas cultivées; feuillage petit, vert sombre; fruit très-petit, rond, peu coloré, peu savoureux.

Troisième classe. — Fraise Capron : feuillage grand, velu ; pédoncules très-forts; calice réfléchi; fruit gros, arrondi, rouge foncé; saveur quelquefois légèrement musquée.

La plupart des variétés de cette section exigent un terrain sec et chaud. Dans une terre humide les fruits atteignent rarement leur grosseur; ils avortent même en partie.

Quatrième classe. — Fraise écarlate : feuillage très-grand, vert bleuâtre; fleurs petites; fruit moyen d'un beau rouge.

On trouve parmi ces dernières quelques variétés remarquables, telles que :

La *rose berry*, qui donne presque toujours deux fois ;

La *Black prince de Cuthill*, très-hâtive, chair fine ; elle produit successivement pendant plus d'un mois ;

L'*écarlate américaine*, très-productive, mais tardive.

Cinquième classe. — Fraises ananas : feuillage grand; fleurs très-grandes ; fruits gros, ronds ou allongés, rouges, roses ou blancs, très-succulents et très-parfumés.

Ici se groupent ces nombreuses variétés françaises et anglaises auxquelles on donne dans certains pays la dénomination commune et vulgaire de *brocs*.

Les meilleures, à mon avis, sont :

La *fraise ananas;*

La *fraise de Bath,* cette belle fraise d'un blanc rosé quelquefois plus grosse que des œufs de pigeon ;

La fraise de la *Caroline :* belle couleur écarlate, chair ferme et très-compacte ;

La fraise *Deptfortd-pine,* très-hâtive ;

La fraise *Princesse Royale :* fruits très-colorés, allongés ; chair pleine; variété vigoureuse très-productive et très-recherchée ;

La fraise *comte de Paris :* fruits plus ronds que dans la précédente variété ;

La fraise *Élisa Myatt :* fruit étranglé à sa base, très-bon pour les confitures;

La fraise *duchesse de Trévise :* fruits énormes, allongés, rouges clair; chair fine, très-estimée, mais peu fertile ;

La fraise *Downton :* feuillage crispé, fruits oblongs très-parfumés ;

La fraise *Elton :* fruit magnifique un peu acide ;

La fraise *Prolific-Myatt :* fruit aplati, rouge, à bout blanc, succulent, mais un peu creux ;

La fraise *Goliath :* très-productive et très-savoureuse.

A ces douze variétés, je puis ajouter : *Admirable Dundas,* — *Belle Bordelaise,* — *Blanche de Bicton,* — *Captain Cook,* — *Globe,* — *Prince Albert,* — *Surprise,* — *Magnum Bonum,* — *Jucunda,* — *Sir Harry,* — *Mammouth,* — *Prince Impérial* (grav. 38).

Sixième classe. — *Fraise du Chili :* feuillage soyeux ; fleurs grandes ; fruits très-gros, ordinairement un peu fades, très-colorés, se redressant au moment de la maturité.

Les principales variétés sont :

Queen Victoria : fruit aussi gros qu'un petit œuf de poule ; belle couleur rouge foncé vernissé ; chair légère un peu spongieuse ;

Superbe de Wilmot : fruit monstrueux, également rouge vernissé, chair colorée, peu savoureuse; le milieu du fruit est souvent un peu creux.

Fraisiers remontants et non remontants. — On peut encore diviser le fraisier en fraises remontantes et en fraises qui ne donnent qu'une fois. Pour les premières, nous aurons les variétés les plus rapprochées de la fraise de bois :

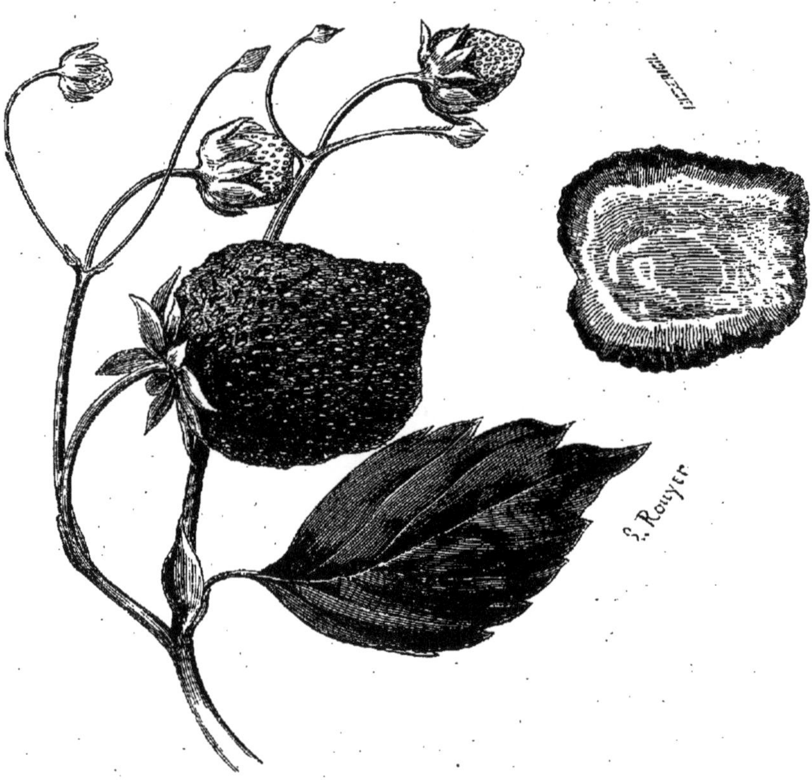

Grav. 38. — Fraise Prince Impérial.

La fraise des *Alpes*, blanche et rouge;
La fraise de *Montreuil*, également blanche et rouge;
La fraise de *Gaillon*, sans filets;
La fraise des *Bois*, sans filets :

Nous pourrons ajouter la *Rose Berry*, qui appartient aux

écarlates et qui donne deux fois : une première fois au printemps, puis à l'automne et jusque vers la fin d'octobre.

Toutes les autres formeront la seconde catégorie.

Cette différence dans la production des fruits amène aussi nécessairement quelques différences dans la manière de cultiver. Ainsi les fraisiers remontants sont presque toujours cultivés en planches, tandis que les non remontants se plantent en bordures, le long des passe-pieds ou même des allées principales.

Culture. — Tous les fraisiers aiment une terre douce, chaude, substantielle, mais légère ; néanmoins ils poussent et fructifient en terre médiocre, pourvu qu'elle soit bien amendée lorsqu'elle est trop compacte, ou bien fumée avec des engrais très-consommés lorsqu'elle est trop maigre et trop légère. Ils craignent l'humidité, la pluie, les brouillards, aussi préfèrent-ils à l'eau du ciel les arrosements donnés avec intelligence par le jardinier.

Culture en planches. — Dans un sol bien ameubli, divisé par les labours, amendé par l'addition de fumiers réduits en terreau, on dresse une planche et on plante sur quatre lignes en quinconces, à une distance de 30 centimètres environ.

L'opération peut se faire soit à l'automne, soit au printemps : la plantation d'automne donne dès le printemps suivant une récolte assez abondante; celle du printemps ne produit ses fruits qu'à l'automne. Il est utile de pailler la planche avant de planter, car il serait long et difficile de bien faire plus tard cette opération indispensable.

On donne immédiatement une bonne mouillure pour attacher le plant à la terre.

Les soins, pour la première année, se bornent à sarcler, biner, remplacer au mois de mars les pieds que le froid aura fait périr, arroser pendant les chaleurs et supprimer les coulants ou *stolons*, qui ne feraient qu'épuiser les jeunes fraisiers.

Pour la seconde année, on nettoie, on donne au printemps un léger labour, puis on charge la planche avec de bon terreau;

on sarcle, on mouille à propos, on supprime les coulants jusqu'au mois d'août ; après cette époque on peut les laisser se multiplier si on en a besoin pour faire en octobre une nouvelle plantation.

Les fraisiers remontants ne donnent bien que pendant la deuxième et la troisième année ; il faudra donc les renouveler à la fin de la seconde année, en conservant toutefois quelques planches anciennes pour ne pas éprouver d'interruption dans les produits.

Si pourtant on est forcé de laisser les fraisiers en place plus de trois ans, il faut les rechausser tous les ans en rapportant quelques centimètres de bonne terre autour de chaque pied. Il se forme alors au collet de la plante des racines nouvelles qui entretiendront pendant un certain temps sa vigueur et sa fertilité.

Plantation en bordures. — On donne un bon labour, on mêle à la terre de bon fumier bien consommé, on fait un rayon et on plante au cordeau à 25 centimètres ; on mouille, on sarcle, on bine ; on supprime les coulants, non en les arrachant, comme cela se pratique quelquefois, mais en les coupant aussitôt qu'ils atteignent une longueur de 15 à 20 centimètres. On doit surtout veiller à ce que, par suite du ratissage des allées, les racines ne se trouvent pas dégarnies ; dans ce cas, on chausse immédiatement chaque pied avec du terreau ou de la bonne terre passée.

Vers la mi-juillet, lorsque la récolte des fraises est entièrement terminée, il est bon de couper ras le pied toutes les feuilles et tous les filets des fraisiers en bordures ; on les terreaute légèrement, on donne un bon arrosement, et on obtient ainsi, au bout de trois semaines, une végétation nouvelle, des feuilles fraîches et vigoureuses.

Quelques jardiniers, je le sais, condamnent cette méthode ; néanmoins je n'hésite pas à vous en recommander l'emploi, car l'expérience m'a toujours prouvé qu'elle était excellente.

Culture forcée. — On peut hâter la floraison et la maturité des fraises de plusieurs manières. La plus simple est de creuser, au mois de novembre, les passe-pieds d'une planche de fraisiers remontants, de remplir les tranchées de fumier chaud et de couvrir la planche au moyen d'un coffre et d'un châssis. On n'a qu'à se rappeler, du reste, ce que j'ai dit en parlant de la culture forcée par *sentiers*.

Autre moyen : on prend, à la fin de juillet, des filets dont les racines sont encore tendres, on plante dans des pots de 15 centimètres de diamètre, on place les pots à l'ombre pour faciliter la reprise et on les rapporte au grand air quand les jeunes plantes commencent à végéter ; on arrose quelquefois, puis, au mois de décembre, on fait une couche tiède avec coffre et châssis ; on met sur la couche un bon lit de sable, on enterre les pots, on recouvre et on donne de l'air, le plus souvent possible, jusqu'aux grands froids ; à ce moment, on fait des réchauds, on met des paillassons la nuit, on donne un peu d'air quand le temps le permet, on renouvelle les réchauds tous les quinze jours, on arrose peu, on ôte les feuilles pourries, etc. On aura des fraises à la fin de mars.

Je vous conseille, pour cette culture, la fraise *Princesse Royale* ou la fraise *Comte de Paris*.

Les jardiniers de la capitale emploient, pour chauffer les fraisiers, un appareil de chauffage qu'on appelle *thermosiphon*. C'est une chaudière pleine d'eau, placée sur un fourneau que l'on chauffe avec du bois ou du charbon de terre. L'eau, mise en ébullition, s'échappe dans des tuyaux disposés de manière qu'elle puisse revenir sans cesse à son point de départ et circuler ainsi toujours bouillante pour réchauffer ces tuyaux. Par-dessus cet appareil, on place des coffres et des châssis, sous lesquels on met les pots de fraisiers.

On peut encore obtenir quelques belles fraises avant la saison en cultivant les maîtres pieds dans de grands pots, que l'on rentre, au mois de novembre, en serre chaude ou sous une bonne bâche.

Multiplication. — Les espèces remontantes, ou des *quatre*

saisons, se multiplient très-rapidement par les semis. Ce moyen, qui n'est pas assez généralement employé, me paraît cependant avantageux; car les graines semées à l'automne fournissent, au bout de six semaines, du plant que l'on repique en place au printemps et qui donne abondamment dans le courant de septembre. De plus, les fruits provenant de semis sont toujours plus gros, plus savoureux et plus abondants.

Les fraises des bois, celles des Alpes, de Montreuil, de Gallion, se reproduisent toujours franches ; les autres variétés lèvent très-bien, poussent et fructifient rapidement, mais elles varient beaucoup.

Pour semer, on choisit les plus beaux fruits, on les écrase dans l'eau, on extrait les graines par le lavage, on les laisse sécher à l'ombre pendant huit ou dix heures, puis on sème immédiatement à la volée sur une planche bien terreautée, parfaitement nivelée et bassinée d'avance. Il ne faut pas recouvrir la graine, mais répandre seulement sur le semis un millimètre de terreau passé ou mieux encore de terre de bruyère également passée. On couvre le tout avec des nattes ou des paillassons supportés, à 10 centimètres du sol, par de petites tringles posées sur des piquets; on entretient une humidité constante en arrosant légèrement avec la pomme de l'arrosoir, jusqu'à ce que la graine soit levée. Aussitôt que le plant a trois feuilles, on soulève d'abord les paillassons pour l'habituer à la lumière, puis on les ôte définitivement. On arrose de temps en temps, et l'on peut, au bout de deux mois, repiquer ce plant en pépinière, pour le mettre en place au printemps.

Quelques personnes gardent la graine pour la semer au mois d'avril ; dans ce cas, il est important de la faire sécher complétement au moment de la récolte.

Si l'on ne veut pas semer, on peut diviser les gros pieds, en séparant les œilletons, de manière que chaque éclat conserve quelques racines. Ce moyen de multiplication s'applique surtout aux fraisiers sans filets ; c'est ce qu'on appelle la multiplication par *éclats*.

Enfin, si la séparation des vieux pieds ne fournit pas assez de plant, on a la ressource des jeunes rejetons produits par les coulants qu'on aura laissés, comme je l'ai déjà dit, au mois d'août, et qui seront suffisamment développés pour être plantés en octobre.

Les fraisiers ont un ennemi redoutable : le ver blanc, qui n'est autre chose que la larve du hanneton (grav. 39), attaque

Grav. 39. — Larve du hanneton.

fréquemment les racines de la plante. Lorsqu'on voit les feuilles se faner, il faut se hâter de fouiller au pied, de tuer le ver et de replanter le fraisier, s'il n'est pas trop endommagé.

CHAPITRE X

UN MOT SUR LA CULTURE DES FLEURS

DIX-HUITIÈME LEÇON

LES FLEURS. — PLANTES VIVACES. — PLANTES BISANNUELLES. PLANTES ANNUELLES.

Fleurs. — Quand le bon Dieu créa les fleurs, il sourit avec bienveillance et dit : « Croissez, multipliez ; soyez pour l'homme qui va naître un objet de méditations pieuses, de jouissances pures, de délassements paisibles et doux. »

Est-il, en effet, un œil assez indifférent, une âme assez sèche pour assister sans émotion au spectacle de tant de merveilles?

Oui, j'ose le dire, il y aurait quelque chose de bizarre, d'incomplet, dans l'organisation morale d'un être qui resterait insensible et froid devant l'incomparable variété, le splendide coloris et le parfum enivrant des fleurs.

Sainte Catherine ne passait jamais près d'une plante fleurie sans y trouver le sujet d'une prière; saint Bernard contemplait les fleurs; saint Fiacre les cultivait avec délices; saint François, dans sa sublime candeur, entretenait avec elles de pieuses conversations : il joignait les mains, il pleurait de plaisir en remerciant Dieu d'avoir fait les fleurs si belles et de les avoir semées avec tant de profusion sous ses pas.

Remercions donc aussi la divine Providence, et dans la plus petite fleur des champs, comme dans les corolles brillantes de nos parterres, sachons trouver un motif de prière et de reconnaissance.

Je vous l'ai dit ailleurs, l'utile n'exclut pas toujours l'agréable; vous pourrez, tout en cultivant les légumes, admettre au jardin potager quelques fleurs, quelques plantes d'ornement. Olivier de Serres disait avec Caton : « Je tiens pour défectueux le potager auquel fait défaut l'agrément, qui procède de belles et fleurissantes plantes. »

Il est certain que l'aspect riche et sévère de cette végétation utile devient plus agréable lorsqu'il est égayé par la présence d'arbustes ou de plantes fleuries; il est encore vrai de dire que, lorsqu'elles entourent une habitation, les fleurs portent immédiatement avec elles l'idée de propreté, d'aisance, de bonheur tranquille.

Pour vous, mes amis, la culture des fleurs sera sans difficulté : les principes posés au commencement de ce cours vous serviront, vous suffiront même pour entreprendre les semis, le repiquage et la plantation des plantes annuelles ou vivaces.

Nous nous en tiendrons là dans cette première partie; plus tard, je vous parlerai des arbres et des arbustes, pour la multiplication desquels vous aurez besoin de connaître des principes que je n'ai pas encore développés.

Plantes vivaces. — On appelle plantes vivaces les végétaux herbacés ou sous-ligneux qui vivent indéfiniment sans qu'on ait besoin de les ressemer. Les uns conservent leurs tiges et leurs feuilles pendant toute l'année ; les autres disparaissent aux premiers froids et semblent se retirer dans leurs racines, où ils s'endorment pour ne se réveiller qu'au printemps : telles sont les plantes tubéreuses, tuberculeuses ou bulbeuses; la plupart enfin perdent leurs tiges florales, qui se dessèchent et tombent après la maturité des graines.

Multiplication. — Les plantes vivaces s'obtiennent par les semis; mais on peut aussi les renouveler et les multiplier par la séparation des touffes que forme l'agglomération de leurs racines. Ces touffes se composent ordinairement d'un assez grand nombre de jets ou œilletons, qui tous reposent sur une racine ou sur le collet d'une vieille tige, garni lui-même d'un épais chevelu. Rien de plus simple que de séparer ces touffes, de les diviser, soit par le déchirement, soit par la section, et de transplanter chaque partie dans une bonne terre, à une exposition convenable. Souvent même de jeunes tiges encore herbacées, des jets, des œilletons sans racines, plantés avec soin dans un sol bien préparé, convenablement abrité, se soutiennent, font de nouvelles racines et deviennent des plantes parfaites. C'est ce qu'on appelle multiplier par la bouture; nous en parlerons dans la seconde partie.

Les plantes tubéreuses, tuberculeuses ou bulbeuses se reproduisent par la plantation des bulbes, des tubercules, et par la séparation des racines tubéreuses. Pour ces dernières, il est bon de remarquer que, quelle que soit leur forme, elles partent toutes d'une base commune, qu'on appelle collet ou couronne, et sur laquelle se trouvent les yeux; il faudra donc, lorsque vous voudrez diviser les racines tubéreuses, laisser à chaque partie séparée une portion de la couronne sur laquelle se trouvent déjà ou naîtront plus tard des bourgeons.

NOMENCLATURE DE PLANTES CHOISIES. — A l'aide de ces explications vous pourrez cultiver, je crois, sans difficulté, les plantes suivantes :

PLANTES VIVACES. — *Alisse saxatile* (corbeille d'or). — Plante rustique formant de jolies touffes couvertes de fleurs jaunes. Multiplication par le semis au printemps et par la séparation des touffes à l'automne.

Grav. 40. — Fleur d'Armeria.

Armeria (gazon d'Olympe) (grav. 40). — Fleurs roses; très-rustique, très-convenable pour bordure et très-facile à multiplier par la séparation des touffes au printemps.

Aspérule odorante. — Culture facile; multiplication par éclats de racines au printemps.

Aster. — Plante très-rustique; multiplication par division des touffes à l'automne ou au printemps.

Bouton d'or. — Plante rustique très-connue, d'un bel effet; multiplication d'éclats et de graines.

Chrysanthème de la Chine. — Cette belle plante est (passez-moi ce mot) la fleur d'adieu : les gelées viennent souvent la surprendre lorsqu'elle est encore dans tout son éclat; multiplication facile par la séparation des touffes au printemps.

Grav. 41. — Diclytra formosa.

Diclytra formosa (grav. (41)). — Plante herbacée dont les feuilles et les tiges disparaissent à l'automne, mais repoussent au printemps; elle se multiplie très-facilement par la plantation des jeunes pousses au printemps.

Grav. 42. — Iris.

Dahlia. — Magnifique plante qui perd ses tiges à l'automne, et dont il faut arracher les racines tubéreuses, pour les conserver l'hiver, dans un endroit sec, à l'abri de la gelée; on les replante au printemps et on les multiplie par la séparation des racines.

Iris (grav. 42). — On en connaît un grand nombre d'espèces et de variétés; la plupart sont de pleine terre; ils se multiplient par la séparation des touffes au printemps.

Julienne des jardins. — Plante charmante et très-odorante; elle se multiplie facilement par la séparation des touffes au printemps.

Lobelies. — Multiplication de graines semées au printemps, ou de rejetons.

Primevère (grav. 43). — Nombreuses variétés qu'on obtient par des semis en terrines ou sur planches bien terreautées; on les multiplie par la séparation à l'automne ou au printemps.

Pentstemon. — Belle plante; on en possède huit ou dix variétés bien distinctes; multiplication de graines semées au printemps ou d'éclats replantés en automne.

Phlox (grav. 44). — Charmante plante vivace qui perd ses tiges et qui se multiplie au printemps, par rejetons et par division des touffes.

Pivoine. — Magnifique plante sous-ligneuse qui perd ses feuilles et ses tiges; multiplication d'éclats plantés à la fin de l'automne.

Vous pourrez encore planter et cultiver de la même manière, dans la partie la plus ombragée du jardin potager, quelques plantes aromatiques dont l'aspect est agréable et dont les feuilles ou les tiges sont quelquefois utiles dans l'économie domestique.

Telles sont : l'*absinthe*, — la *camomille*, — l'*hyssope*, — la *lavande*, — la *mélisse-citronelle*, — la *menthe poivrée*, — la *sauge officinale*.

Les plantes bulbeuses ou tubéreuses perdent leurs feuilles et leurs tiges vers la fin de l'été; on arrache alors les bulbes

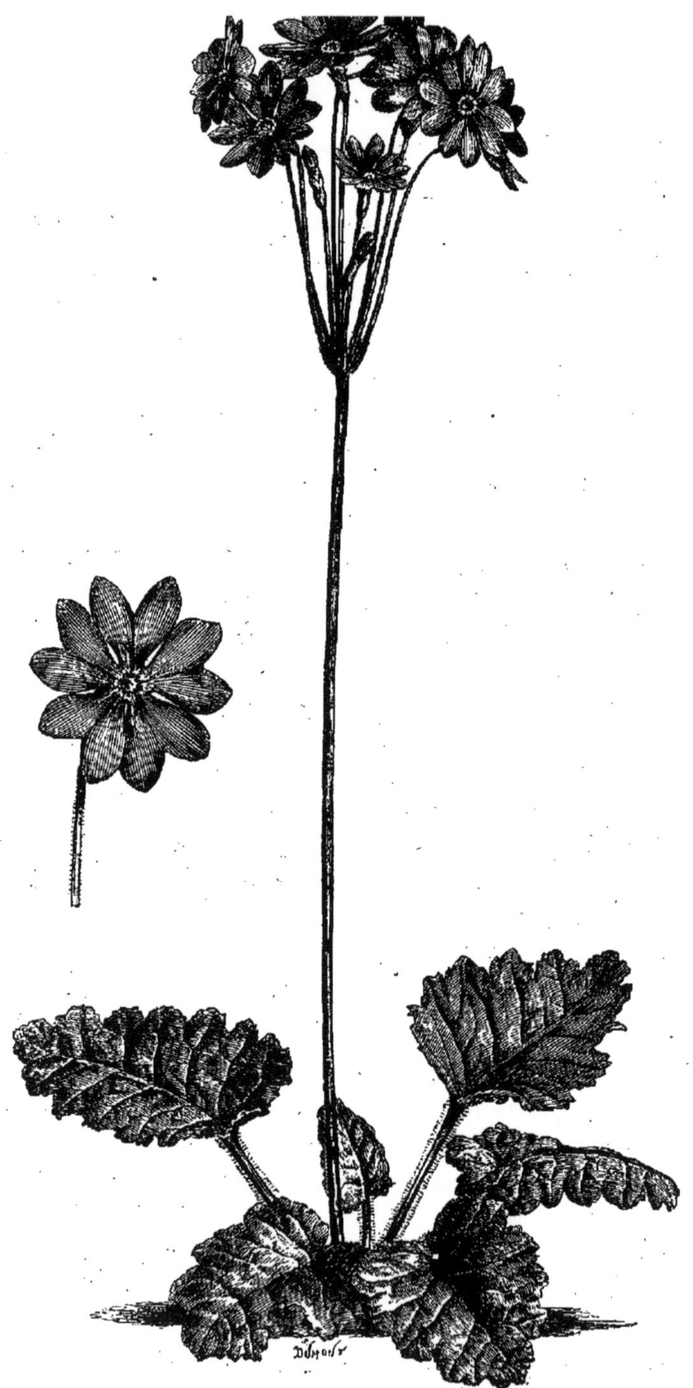

Grav. 43. — Primevère.

ou les racines, on les fait sécher à l'ombre, puis, à l'automne,

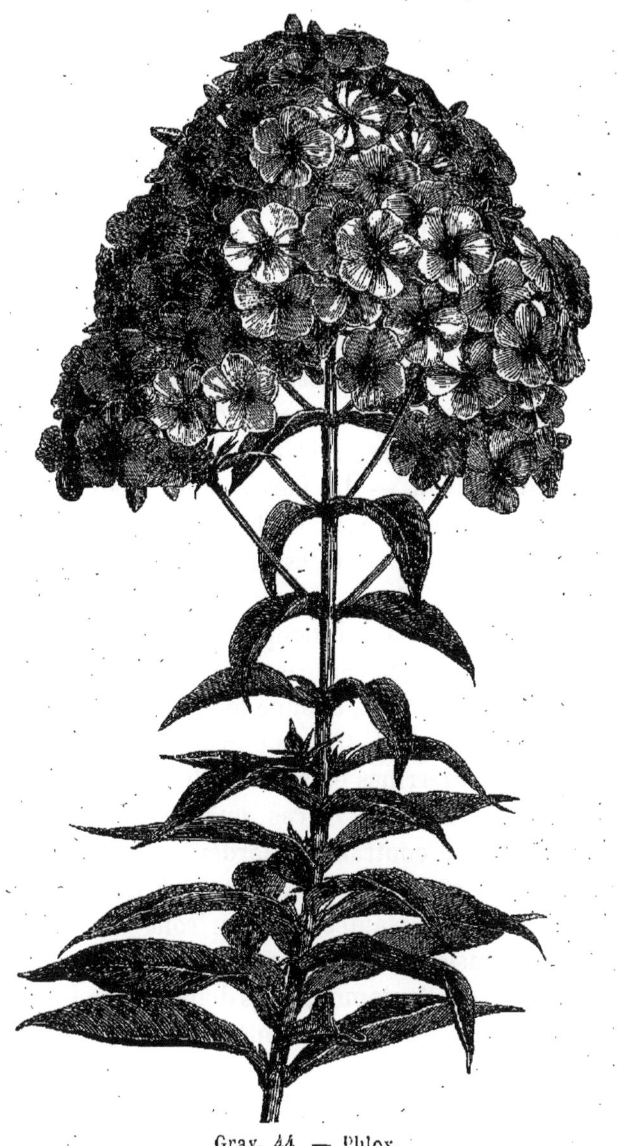

Grav. 44. — Phlox.

on les remet en terre, où elles passent l'hiver, poussent au printemps et fleurissent les unes en avril, les autres un peu plus tard.

De ce nombre sont : les *anémones*, — les *fritillaires*, — les *glaïeuls*, — les *jacinthes*, — les *jonquilles*, — les *lis*, — les *narcisses*, — les *renoncules*, — les *tulipes*, etc.

Plantes bisannuelles. — Semis. — Les plantes bisannuelles se sèment à l'automne ou au printemps, se repiquent en place et ne fleurissent que l'année suivante; alors elles portent graines et disparaissent.

C'est ainsi que vous cultiverez les *ancolies*, — les *campanules*, — les *dianthus* ou *œillets jalousie*, — les *giroflées jaunes*, — les *mathioles* ou *giroflées anglaises*, — les *mufliers*, — les *gaura*, — les *pensées*, — les *croix de Jérusalem*, — les *anagaltis*, — les *passe-roses* ou *roses trémières*, etc.

Plantes annuelles. — La floraison des plantes annuelles commence ordinairement vers la fin de l'été, pour continuer pendant l'automne; la culture est exactement la même pour toutes.

Semis. — On les sème au printemps, soit sur couche tiède, soit sur des planches bien terreautées; on les repique vers la fin de mai, en pleine terre, où, comme je l'ai dit, elles fleurissent fin juillet et mois suivants. On peut aussi, dans le mois de février, les semer en terrines ou sur couche chaude, les couvrir de cloches, de châssis; dans ce cas, on a des fleurs vers la mi-juin. Si l'on veut, au contraire, retarder la floraison, on sème en pleine terre au mois de mai, on repique dans la première quinzaine de juin; les plantes ne fleuriront alors qu'au mois de septembre. Plusieurs espèces ne craignent pas la gelée; si l'on sème en place à l'automne, elles donnent des fleurs beaucoup plus tôt même que celles semées en février sur couche chaude et sous châssis.

D'autres sont propres à faire des bordures : il faut aussi les semer sur place en rayons, soit au printemps, soit à l'automne, puis les éclaircir de manière qu'elles puissent végéter et fleurir convenablement.

Graine. — Quant à la récolte des graines de fleurs, elle se fait exactement comme celle des graines potagères : on doit choisir le même temps, prendre les mêmes précautions; étiqueter, serrer, conserver de la même manière.

Voici pour vous une nomenclature de plantes choisies :

Amaranthe, crête-de-coq.

Balsamine double. — Panachée, ponctuée, à fleur de camellia.

Belle-de-jour.

Belle-de-nuit. — Plante magnifique, portant sur le même pied plusieurs variétés.

Clarkia. — Trois variétés doubles d'un bel effet.

Collinzia. — Plante de bordure, qu'on peut semer à l'automne.

Coréopsis. — Belle plante très-rustique; peut se semer dès l'automne.

Haricot bicolor. — Charmante plante grimpante; on cultive aussi comme plante d'ornement le *haricot d'Espagne*, le *haricot d'Amérique*, etc.

Julienne de Mahon (gazon de Mahon). — On peut en faire des bordures et des massifs; semé à l'automne, il fleurit dès le mois de mai.

Liseron. — Plante grimpante, très-variée.

Lavatère. — Rose et blanc.

Linaire. — Charmante en bordure.

Lupins. — Tous d'un bel effet.

Malope. — Rustique.

Marguerite reine (grav. 45). — Vous connaissez tous cette magnifique plante, que nos jardiniers modernes ont su perfectionner de manière à en faire le plus bel ornement de nos jardins.

Némophiles. — Très-jolis et très-variés; peuvent se semer dès l'automne.

Œillets d'Inde.

Pied d'alouette. — On en fait de charmantes bordures, que

l'on sème à l'automne; mais il faut faire la chasse aux limaçons.

Grav. 45. — Reine Marguerite.

Pois de senteur. — Plante odorante et très-jolie.

Pourpier à grandes fleurs. — Quatre ou cinq variétés qui, réunies en massif, produisent au soleil un charmant effet.

Réséda. — Plante très-odorante.

Rose d'Inde (tajette).

Salpiglossis. — Plante très-variée, magnifique.

Silène. — Rose ou blanche ; forme des bordures et de jolis massifs; peut se semer à l'automne.

Seneçon double. — Deux variétés.

Thumbergia. — Plante grimpante, trois variétés.

Zinia élégant. — Sept ou huit variétés; cette jolie plante, lorsqu'elle végète bien et qu'elle est réunie en groupes variés, produit un effet très-agréable.

Les plantes annuelles, semées au printemps, exigent quelques arrosements, parce qu'elles sont en pleine végétation pendant les chaleurs de l'été ; il faudra donc, en arrosant vos légumes, réserver un peu d'eau pour ces végétaux fragiles, qui, du reste, vous rembourseront avec usure en déployant à vos yeux le luxe de leur vert feuillage et de leurs gracieuses corolles.

Cultivez les fleurs, mes enfants, admirez-les, aimez-les; cette passion-là, loin de troubler jamais votre âme, y portera, soyez-en sûrs, la paix, la joie et le bonheur.

CHAPITRE XI

OUTILS DE JARDINAGE. — INSECTES NUISIBLES

DIX-NEUVIÈME LEÇON

LES OUTILS. — DESTRUCTION DE QUELQUES INSECTES NUISIBLES.

Outils. — Pour jardiner, il faut des outils. Je vais vous indiquer ceux qui vous sont indispensables. Quant à la forme de chacun d'eux, je vous laisserai le choix. Vous savez que chaque pays a sa mode, ses habitudes; la meilleure *bêche*, par exemple, est toujours celle qu'on a l'habitude de faire manœuvrer.

Bêche (grav. 46). — Petite ou grande, large ou étroite, droite ou recourbée, choisissez : elles sont toutes bonnes pourvu qu'on sache s'en servir.

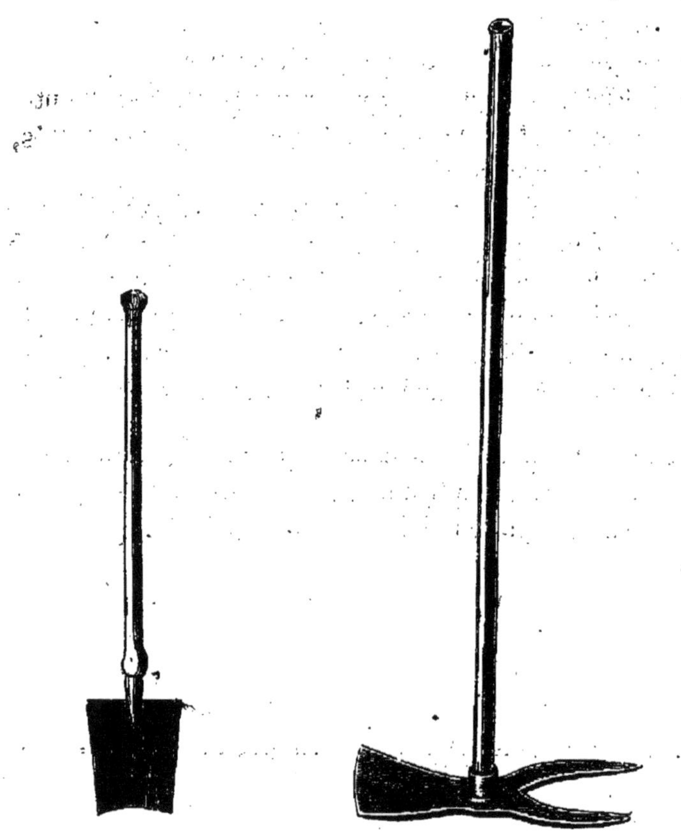

Grav. 46. — Bêche. Grav. 47. — Binochon.

Binette. — Après la bêche vient la *binette*, ou petite houe, plus mince et plus légère que la bêche.

Binochon ou *marochon* (grav. 47). — Instrument à deux

branches, l'une pour tracer les rayons, l'autre pour les sarclages et les binages.

Râteaux (grav. 48). — L'un à dents très-minces et très-rapprochées pour *piquer* les semis; l'autre à dents plus grosses et plus éloignées pour le nivellement des planches et le ratissage des allées.

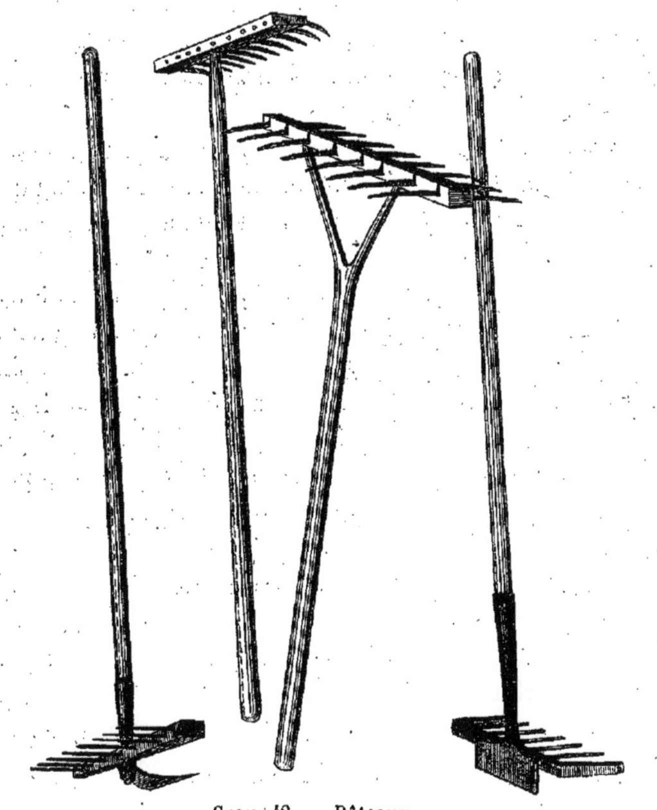

Grav. 48. — Râteaux.

Un *cordeau* de vingt à trente mètres de longueur attaché par ses deux extrémités à deux piquets de bois dur.

Des *arrosoirs* : ici encore la forme ne fait rien, pourvu que les pommes soient bien percées, c'est-à-dire que les trous soient faits de manière à laisser passer une petite aiguille à tricot.

Un *crible* en fer, pour passer les terres et les terreaux.

Une *serpette*, — un *greffoir*, — une *scie à main*. Inutile de décrire ces instruments; le coutelier vous en montrera de toutes qualités, de toutes formes, de toutes dimensions.

Des *fiches* ou *plantoirs* de diverses grosseurs pour repiquer les plants de toute espèce.

Une *pelle* en fer pour les mouvements de terre.

Une *fourche à trois doigts* pour monter les couches.

Enfin, une *brouette;* vous connaissez tous ce moyen de transport si commode et si répandu.

Destruction de quelques insectes nuisibles. — Les insectes sont pour le jardinier des ennemis nombreux et redoutables; aussi doit-il veiller sans cesse afin de les détruire, ou, du moins, de les écarter de ses cultures.

Limaces et limaçons. — Il est presque impossible de les détruire, il est même fort difficile de prévenir ou d'arrêter leurs ravages. Il faut se lever de grand matin pour faire la chasse, retourner le soir, surtout quand il a plu, ne pas se lasser de rechercher, de tuer, d'écraser les limaçons. Si on veut préserver un semis précieux, qu'on l'entoure d'un petit rempart de chaux vive; je ne puis indiquer d'autres moyens, je n'en connais pas.

Chenilles. — Les *chenilles*, autres brouteuses; elles dévorent en une nuit tout un arbuste qui, la veille, étalait son vert et brillant feuillage. Quand elles ne sont pas trop nombreuses, on peut les rechercher, les dépister et les écraser sans pitié; mais, quand elles couvrent une plante de leurs innombrables légions, il faut employer un moyen plus prompt et plus efficace.

Dans ce cas, on place sous la plante attaquée un réchaud garni de charbons allumés, on répand sur les charbons de la fleur de soufre, qui, par son odeur et sa fumée, asphyxie les chenilles : elles tombent à l'instant même, on n'a plus qu'à les écraser. N'oubliez pas surtout de détruire au printemps tous les nids ou *cocons* que vous apercevrez; c'est ce qu'on appelle *écheniller*. Les lois de votre pays vous en font même un devoir.

Araignées. — Il est une espèce d'*araignée* qui parcourt les jeunes semis et fait quelquefois de grands ravages.

On éloigne, on détruit même cet insecte en arrosant souvent avec de l'eau dans laquelle on a mélangé de la suie; on obtient aussi de bons résultats en répandant sur les semis endommagés une infusion de feuilles d'absinthe broyées et triturées dans l'eau.

Tiquets. — Les *tiquets* se tiennent à la surface de la terre et nuisent surtout aux plantes de la famille des crucifères, dont ils dévorent les cotylédons ; on peut employer, pour les faire périr, l'eau chargée de savon ou de potasse.

Courtilière. — La *courtilière* marche sous terre, elle se retire dans les vieilles couches, d'où elle part pour sillonner, bouleverser les semis et les plantations; on s'en débarrasse assez difficilement. Quelques personnes enterrent çà et là dans les carrés des pots pleins d'eau. La courtilière, qui ne voit pas le précipice, chemine toujours, arrive sur le bord du pot, y tombe et s'y noie. D'autres les éloignent en vidant, par le trou qu'elles font à la surface du terrain, de l'eau et de l'huile de noix. Enfin, certains jardiniers les guettent et sont fort adroits pour les surprendre au moment où elles soulèvent le guéret.

J'ai souvent employé, pour préserver, non des semis, mais des jeunes plants récemment repiqués, un moyen qui m'a toujours réussi.

Quand je transplante des choux, des melons, ou autres végétaux de ce genre, j'ai soin de former, autour du collet de chaque plant, un petit triangle avec trois pierres plates, trois tessons, trois morceaux d'ardoises, etc. La courtilière, en cheminant, vient heurter ce petit rempart, et, ne pouvant le franchir, elle se détourne, s'éloigne, la plante est sauvée.

Dans tous les cas, lorsque vous démolissez les couches ou que vous bêchez les carrés du jardin, ne manquez pas de détruire toutes celles qui vous tomberont sous la main.

Voilà, mes enfants, la première partie de ce Cours, fort abrégé, sans doute, mais qui suffira, je l'espère, pour guider vos premiers pas dans la pratique.

Travaillez donc, étudiez, cultivez, ramassez vos semences, conservez-les avec soin et bénissez encore le Tout-Puissant, car il vous laisse dans la faible graine que vous récoltez un de ses dons les plus précieux : l'espérance.

FIN DE LA PREMIÈRE ANNÉE.

TABLE DES MATIÈRES

PREMIÈRE PARTIE

Chap. I. — Organisation des végétaux.

Chap. II. — Principaux agents de la végétation.

Chap. III. — Opérations pratiques.

Chap. IV. — Moyens de multiplication.

FIN DE LA TABLE

PARIS. — IMP. SIMON RAÇON ET COMP., RUE D'ERFURTH, 1.

EXTRAIT DU CATALOGUE DE LA LIBRAIRIE AGRICOLE

AGRICULTURE (Cours d'), par de Gasparin, 6 vol. in-8 et 255 gravures. . . 39 50
AMENDEMENTS (Traité des). par Puvis, 2e édit., 1 vol. in-12 de 448 pages. . 3 50
BÊTES BOVINES (Laiterie, fromagerie), par Weckerlin, 550 pages. . . . 3 50
BON FERMIER (Le), par Barral. 1 vol. in-12 de 1,200 pages et 251 grav. . . 7 »
BON JARDINIER (Le), almanach horticole, par MM. Poiteau, Vilmorin, Bailly, Naudin, Neumann, Pépin, 1 vol. in-12 de 1,616 pages et 15 gravures. . . . . . 7 »
CALENDRIER AGRICOLE, par Victor Borie. 1 vol. in-8 de 380 p. et 80 gr. 3 50
CHEVAUX (Manuel de l'éleveur de), par Villeroy. 2 vol. in-8 avec 121 grav.. 12 »
CHIMIE AGRICOLE, par le Dr Sacc, 2e édit. 1 vol. in-12 de 454 pages. . . . 3 50
CHIMIE USUELLE, appliquée à l'agriculture et à l'industrie, par Stockhardt, traduite par Brustlein. 1 vol. in-18 de 524 pages et 225 gravures. 4 50
CULTURE AMÉLIORANTE (Principes de la), par Lecouteux. 1 v. de 380 p. 3 50
DRAINAGE, IRRIGATIONS ET ENGRAIS LIQUIDES, par Barral, quatre vol. in-12, et 600 gravures. . . . . 25 »
FLORE DES JARDINS ET DES CHAMPS, par Lemaout et Decaisne. 2 v. in-8.. 9 »
HORTICULTURE (Encyclopédie d'), 2e édition, 1 vol. in-4 de 500 pages avec 500 gravures (forme le tome V de la *Maison rustique*). . . . . 9 »
IRRIGATEUR (Manuel de l'), et *Code*, par Villeroy, 384 pages in-8 et 121 grav. 5 »
JOURNAL D'AGRICULTURE PRATIQUE, sous la direction de M. Barral, par MM. Boussingault, Gasparin, Lavergne, Moll, Payen, Villeroy, etc. — Une livraison de 64 pages in-4, paraissant les 5 et 20 du mois, avec de nombreuses gravures noires et 24 gravures coloriées (une par livraison)..— Un an. . . . 19 »
MAISON RUSTIQUE DU 19e SIÈCLE. Cinq vol. in-4 et 2,500 gravures.. . 39 50
MAISON RUSTIQUE DES DAMES. 2 vol. in-12, ensemble 1400 p. et 251 gr. 7 75
MANUEL GÉNÉRAL DES PLANTES, ARBRES ET ARBUSTES. Description, culture de 25,000 plantes indigènes ou de serre, 4 vol. à 2 colonnes. 36 »
POULAILLER (Le), par Charles Jacque. 1 vol. in-12 et 120 gravures. . . . 3 50
REVUE HORTICOLE, publiée sous la direction de M. Barral, par MM. Bailly, Boncenne, Carrière, Du Breuil, Hardy, Martins, Pépin, Vilmorin, etc. — Un no de 24 pages in-4, les 1er et 16 du mois, et 24 gravures coloriées. — Un an. . . 18 »
VERS À SOIE (L'Éducateur de), par Robinet, 1 vol. in-8 et 51 gravures. . . 3 50
VIGNE et VINIFICATION, par Jules Guyot. 2e édit. 432 pages in-12 et 30 grav. 3 50

BIBLIOTHÈQUE DU CULTIVATEUR, publiée avec le concours du Ministre de l'Agriculture.

EN VENTE : 18 VOLUMES IN-12, A 1 FR. 25 LE VOLUME, SAVOIR :

Travaux des champs, par Borie, 250 pages et 150 gravures. 1 25
Fermage (estimation, plans d'améliorations, bail), par Gasparin, 3e éd., 384 pag. 1 25
Métayage (contrats, effets, améliorations), par Gasparin, 2e édition, 166 pages. . 1 25
Engrais et Amendements, par Fouquet. 2e édition, 274 pages. 1 25
Fumiers de ferme et Composts, par Fouquet. 2e édition, 270 pag. et 19 grav.. 1 25
Noir animal, par Bobière, 156 pages et 7 gravures. 1 25
Prairies, par de Moor, 212 pages et 77 gravures. 1 25
Plantes-Racines, par Ledocte. 1 vol. de 250 pages et 24 gravures. 1 25
Houblon, par Erath, traduit de l'allemand par Nicklès, 128 pages et 22 grav.. . 1 25
Vaches laitières (Choix des), par Magne, 3e édit., 144 pages et 30 gravures. . . 1 25
Races bovines, par le marquis de Dampierre. 2e édition, 196 pages et 28 grav. 1 25
Bêtes à cornes, par Villeroy, 300 pages et 60 gravures.. . . . . 1 25
Cheval (Choix du), par Magne. 150 pages et 5 planches.. . . . . 1 25
Basse-cour, Pigeons et Lapins, par Mme Millet-Robinet, 4e éd. 180 pag. 31 grav. 1 25
Médecine Vétérinaire, par Verheyen, 2e édition, 2 vol. 2 50
Économie domestique, par Mme Millet-Robinet, 2e édit. 324 pages et 106 grav. . 1 25
Biens-Fonds (Manuel de l'Estimateur de), par Noirot, 360 pages.. . . . . . . 1 25

CHACUN DE CES VOLUMES EST VENDU SÉPARÉMENT

BIBLIOTHÈQUE DU JARDINIER, publiée avec le concours du Ministre de l'Agriculture.

EN VENTE : 12 VOLUMES IN-12 A 1 FR. 25 LE VOLUME, SAVOIR :

Jardins (Tracé et Ornementation des), par Bona. 172 pages et 104 gravures.. . . 1 25
Arbres fruitiers (taille et mise à fruit), par Puvis, 2e édit., 220 pages. 1 25
Pépinières, par Carrière, 144 pages et 16 gravures. 1 25
Potager (Le), par Ch... 188 pages et 34 gravures. 1 25
Légumes et Fruits, ... grands tableaux. 1 25
Asperge (culture nat... et 6 gr.. 1 25
Melon (culture sous ... 112 p.. 1 25
Dahlia, par Pépin, 2e 1 25
Pelargonium, par T... . . . . 1 25
Plantes de Serres ... a et Pi-
Rosier, Violette, P...voine, par Maux 1... . . . . 1 25
Chimie et Physiqu... ... . 1 25

PARIS — IMP. SIMON RAÇON ET COMP., rue ...

www.ingramcontent.com/pod-product-compliance
Ingram Content Group UK Ltd.
Pitfield, Milton Keynes, MK11 3LW, UK
UKHW020957230726
13923UKWH00007B/492

9 782019 681159